产品形态设计教程

CHANPIN XINGTAI SHEJI JIAOCHENG

主　编　苏颜丽

副主编　胡晓涛　林舒瑶

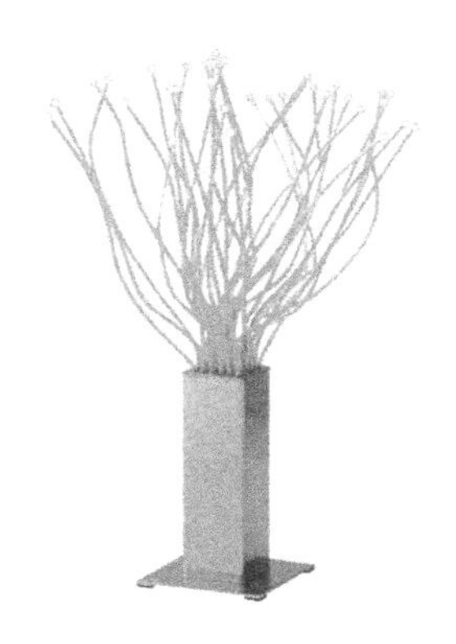

上海科学技术出版社

图书在版编目（C I P）数据

产品形态设计教程／苏颜丽主编．—上海：上海科学技术出版社，2014.7（2020.9重印）

ISBN 978-7-5478-2180-0

Ⅰ.①产… Ⅱ.①苏… Ⅲ.①产品设计－造型设计－高等学校－教材 Ⅳ.①TB472

中国版本图书馆CIP数据核字（2014）第056412号

产品形态设计教程

主　编　苏颜丽

副主编　胡晓涛　林舒瑶

上海世纪出版（集团）有限公司
上　海　科　学　技　术　出　版　社　出版、发行

（上海钦州南路71号　邮政编码200235　www.sstp.cn）

当纳利（上海）信息技术有限公司印刷

开本 787×1092　1/16　印张 7.5

字数：200千字

2014年7月第1版　2020年9月第4次印刷

ISBN 978-7-5478-2180-0/TB·5

定价：33.00元

本书如有缺页、错装或坏损等严重质量问题，
请向工厂联系调换

内容提要 ABSTRACT

本书主要介绍产品形态概论，形态设计的基本原则，形态设计构成的基本要素，形态设计的出发点，形态创新方法，形态设计中的创新思维，形态与技术因素等内容。包括形态的基本概念，形态设计中的点、线、面要素，形态设计中的光影关系，设计师对产品形态的把握，当代市场的产品需求，当代消费市场的产品特点，形态创造的基本方法，产品形态观的塑造，形态特征与创造技法，创新型设计人才的特点，创新思维与大脑，创造力的培养，材料及工艺与产品形态设计的关系，连接结构与产品形态设计和机构系统与产品形态设计等内容。

本书可供高等院校工业设计相关专业师生使用，也可供其他相关设计专业师生参考。

前言 PREFACE

图 1　悍马

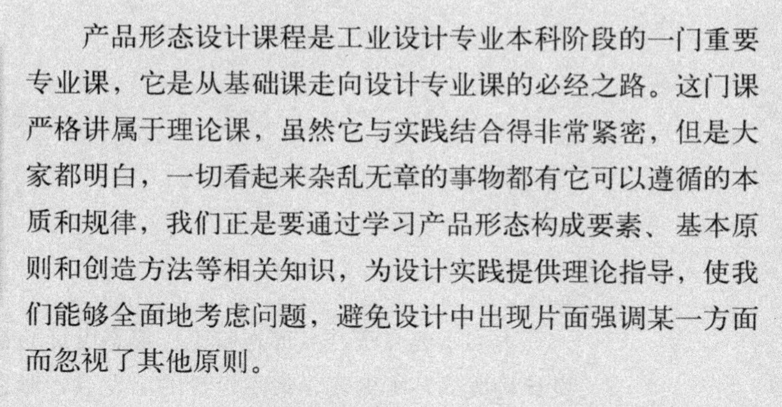

产品形态设计课程是工业设计专业本科阶段的一门重要专业课，它是从基础课走向设计专业课的必经之路。这门课严格讲属于理论课，虽然它与实践结合得非常紧密，但是大家都明白，一切看起来杂乱无章的事物都有它可以遵循的本质和规律，我们正是要通过学习产品形态构成要素、基本原则和创造方法等相关知识，为设计实践提供理论指导，使我们能够全面地考虑问题，避免设计中出现片面强调某一方面而忽视了其他原则。

图 2　陶瓷餐盘

在所有的造型设计要素——形态、色彩、材料、肌理等中，最容易被人理解、最容易引起人们注意的要素是形态，它能给人带来很多信息，包括物质的、精神的，如安全的、快速的、轻巧的、结实的、现代的，等等。图 1 所示为具有悠久历史的美国军用车“悍马”，为了适应现代城市使用要求，“悍马H3”较前两代车形尺寸减小很多，更多地加入了幻化的元素，保留了方方正正的进气口，几乎垂直的前风窗玻璃，圆形的头灯配在方形的灯框内，直瀑式七孔水箱格栅，四轮自动充气装置，还有大得惊人的后备厢容积，挂在车尾的备用轮胎充满了男子汉刚强的气息，给人强悍、信赖、充满阳刚之气的感觉。图 2 所示为陶瓷餐盘（Islands Porcelain Series），是 2013 年 IF 获奖作品，形态灵感来源于自然沙滩、海洋和鹅卵石，传达了自然、单纯、快乐和活力的生活态度。图 3 所示为台灯，由脊椎形部件组成，形态与结构、功能完美统一，令人耳目一新。图 4 所示为德国 IF 设计奖中的银奖作品（静音贝司），她形态轻巧，去掉传统音箱部分，曲线优美、现代，通过耳机或外置扬声器放音。以上几款成功的设计作品都是在产品形态上进行大胆突破，为新产品增添了独特的魅力，这也正是设计师们为什么在形态方面从来都不遗余力的原因。对产品形态的娴熟把握是每一个设计师的追求。

图 3　台灯

本书主要内容是在作者十多年教学实践积累基础上，经过总结和归纳加以完成的。本书结合指导学生作业以循序渐进的方式进行阐述，以基本理论讲述为基础，重点强调阐述产品形态创新的方法和训练技巧，并在每一章中配以设计训练题目和作业点评，加深对产品形态设计的理解、提高设计技巧。

本书适合高等院校工业设计专业的本科生和研究生使用，也可供相关专业的教师、研究人员和设计人员参考。

本书在编写和出版过程中得到了相关人员的大力支持和帮助，在此表示衷心的感谢。在编写过程中，编者引用了一些专家、同行和学生的见解及作品效果图，在此一并表示感谢。由于编者水平有限，恳请专家、学者、学生及其他读者对本书提出宝贵的意见。

编　者

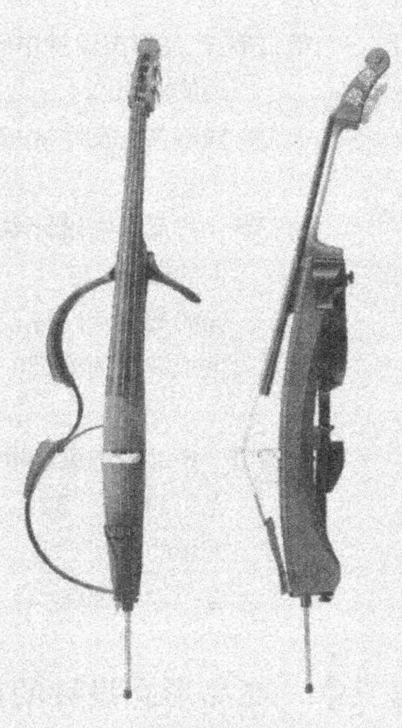

图 4　静音贝司

目录 CONTENTS

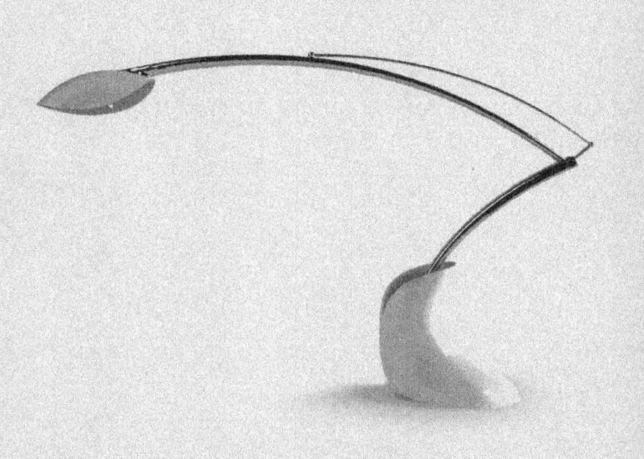

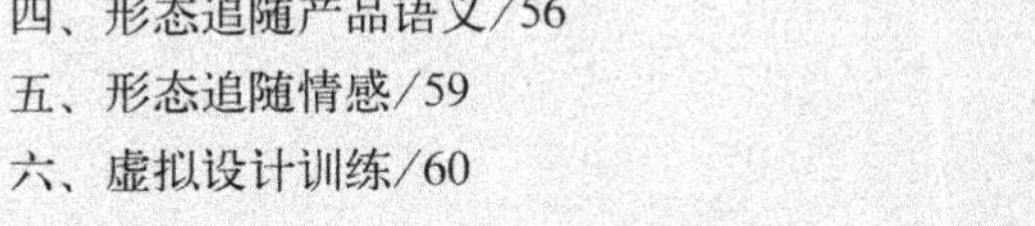

第一章

产品形态概论

本章主要内容：

- 形态、产品形态的基本概念；
- 产品形态设计的基本原则和学习方法。

第一节　形态的基本概念

形态是由一种物质或结构所呈现出来的视觉特征。由于物质与物质不同，或是相同物质因其结构各异，因而表现出的形态也有所差别。

一、形态的含义

“形态”包含两层意思。所谓“形”通常是指一个物体的外形或形状，指物体静止的、静态的或者动的静态（瞬间定格的动态）的轮廓和样子。如常把一个物体称作圆形、方形或三角形。它可以帮助人们分辨此物或者彼物，建立客观的视觉认知系统。而“态”则是指蕴涵在物体内的“神态”或“精神势态”，它不仅限于“形”本身，是对“形”的抽象特征的提炼，是软性的，富有生命力的。形态就是指物体的“外形”与“神态”的结合。我国古代，对形态的含义就有了一定的论述，如“内心之动，形状于外”，“形者神之质，神者形之用”等，指出了“形”与“神”之间相辅相成的辩证关系。形离不开神的补充，神离不开形的阐释，无形而神则失，无神而形则晦，形与神之间不可分割。可见，形态要获得美感，除了要有美的外形外，还需具有一个与之匹配的“精神势态”。中国的书法可以说是诠释形态概念的一个很好的例子。当人们在欣赏一幅书法作品时（如图1-1所示），

图1-1　同一个“寿”字，不同的感受

图 1–2　不同结构的自行车形态各异

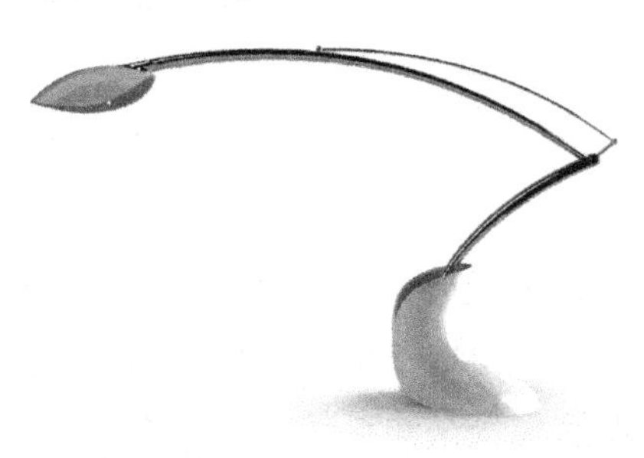

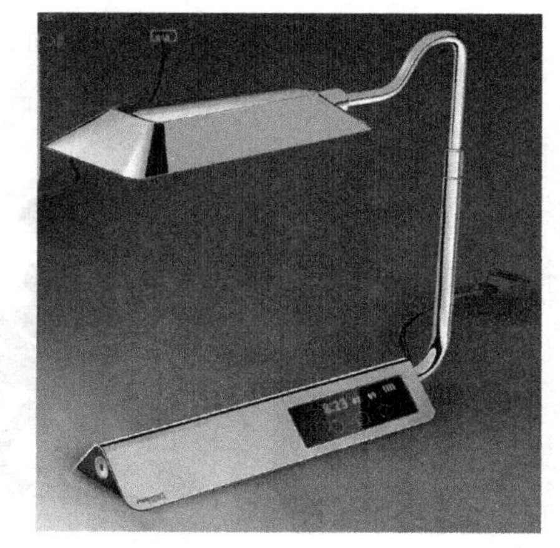

图 1–3　灯具［谢国雄（上）　王晓波（下）］

通过字形笔画的结构、笔墨的浓淡干湿等变化，同一个“寿”字，却能感受到不同书写者用笔时的速度和力度，或苍劲有力，或柔美、委婉；或如行云流水，或抑顿交错。甚至可以通过字的结构变化与外形特征，感受到书法家的气质和品格。正如历代中国画家在创作时所追求的那种境界：即“形神兼备”。

从设计的角度看，形态离不开一定物质形式的体现。以一辆自行车为例，当人们看到两个车轮时，就能感受到它是一种能运动的产品，脚蹬和链条揭示了产品的基本传动方式和功能内涵，而车架的材料、连接形式等不仅反映了产品的基本构造，同时也强调了产品的外形势态（如图 1–2 所示）。因此，在设计领域中，产品的形态总与它的功能、材料、机构、构造等要素分不开。人们在评判产品形态时，也总是与这些基本要素联系起来。因而可以说，产品形态是功能、材料、机构、构造等要素所构成的“特有势态”给人的一种整体视觉形式。在对比中不难发现，形态与形状的本质区别是由外形特点引起的心理效应，也可以认识为“态势”、“姿态”、“动态”、“神态”……，从这个角度认识形态，可以说形态是有一定态势的外形。可以把这种态势看作产品形态的“生命”和“魂”所在。

无论在有生命还是无生命的物象形态中，都可以呈现鲜明动人的态势，给人留下生命的印象。从这个意义上说，给产品设计者提供很多启示，对形态的研究其核心是对形态“态势”或“生命态”表现的研究，这是在设计中为形态注入感人魅力的基本切入点。如图 1–3 所示为两位学生的灯具设计作品，由于形态风格迥异而获得了不同消费群体的喜爱。

二、形态的分类

大千世界充满了千姿百态的事物，对于这些事物的形态有不同的分类方法，从产生过程的角度出发可以分为两大类：自然形态和人工形态。

1．自然形态

自然形态是指纯粹的自然世界事物的形态，在自然界中客观存在的自然形成的形态。它包括各种生物、非生物和自然现象，如动物、植物、微生物、山川、河流、星球、闪电等，是创造产品形态取之不尽的源泉。彩图 1（附本书后）描绘的就是自然界充满生命力的形态。

2．人工形态

人工形态是指非自然的、由人类创造却又是与人们密切相关的事物形态。

1）产品的形态

如果说“形态”的概念是宏观大范畴地理解“形”与“神”的关系，那么“产品形态”则是将“形态”缩小在产品这个特定的范围里进行研究。产品形态是将产品内在的性能（包括材料、功能、结构等）以相应的造型特征体现在人们的知觉系统中。

产品形态同样分为产品的“形”与产品的“态”两个部分。产品的“形”指的是产品物态化的形态，这里单指产品的外形轮廓。这一外形轮廓的造型结构方式可以帮助人们实现一定的功能目的，满足产品的基本功能需求。产品的“态”则是指满足产品基本功能需求以外的延伸需求，如美观、舒适、环保等具有精神内涵的心理认同感。

如图 1–4 所示为一组杯子的设计，如果从产品“形”的角度出发，则要考虑杯子的基本功能需求。大家知道，杯子的基本功能就是盛水，因此，在造型结构中，它必须要有一个中空内凹的形，第一只杯子是其最“简”的轮廓形式。

图 1–4　杯子形态设计

而市场上的杯子形态远远不止一种，第二、第三只杯子在满足了盛水的基本需求外，进一步考虑了杯子的美观（波浪纹、印花图案）、隔热（把手）等延伸性需求。

如图 1–5 所示卫生卷纸是很熟悉的一款日用产品，仔细看它和平时使用的卷纸又有细微的不同，设计师将卷纸的中轴从圆形改为方形，从而得到一卷方形的卷纸。这样的设计同样能满足拉纸的基本使用功能，但是方形的形态在拉纸时不会很平顺，方形的中轴在旋转时会产生一定的阻力，使你不能一下子拉出很多纸，无意识地节约了用纸。此外，方形的产品减少了产品摆放的空间，使产品的包装运输更合理，进而节约了成本。从产品形态的角度来看，设计师只是从“圆”的形向“方”的形进行了再设计，就使产品的基本需求与延伸需求都得到了很好的满足。

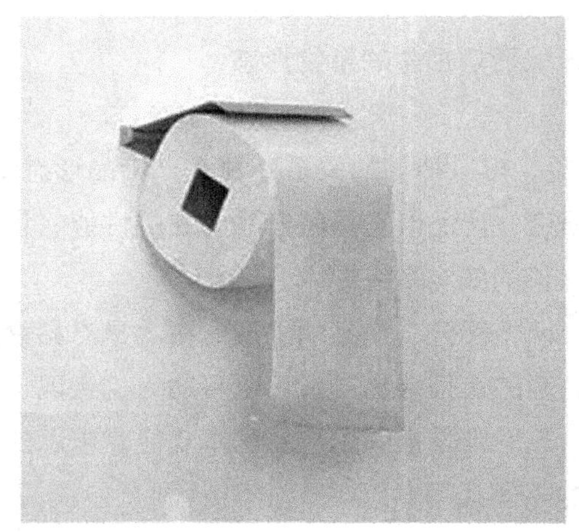

图 1–5　方形卷纸

通过产品形态，可以向人们传递产品的基本功能、结构等内容，也可以传递出产品的文化、内涵等情感的认同，兼具“形”与“神”。

2）产品形态的模仿

人类在改造自然过程中，对大量的自然形态加以变形、处理，创造出令人感到舒适、安全的事物形态。人工形态在一定程度上要比自然形态复杂，因为其中包含了太多的因素，如所处时代的生产力水平、文化、宗教、社会时尚等。如图 1–6 所示是位于莫斯科的俄罗斯国家大剧院（始建于 1825 年），它是一座乳白色的古典主义建筑，仿古希腊伊奥尼亚式圆柱，每根高 15m，巨大的柱廊式正门雄伟壮丽，尤其是门顶上的 4 驾青铜马车，由阿波罗神驾驭，气势磅礴，造型优美，是莫斯科的标志之一。位于北京西长安街的中国国家大剧院中心如图 1–7 所示（2010 年建成），建筑为半椭球形，其表面由钛金属板和超白透明玻璃共同组成，两种材质经巧妙拼接呈现出唯美的曲线，整个壳体风格简约大气，每当夜幕降临，透过渐开的“帷幕”，金碧辉煌的歌剧院尽收眼底，使大剧院充满了含蓄而别致的韵味与美感，是北

图 1–6　俄罗斯国家大剧院

图 1–7　中国国家大剧院

京的标志之一。

为了便于讲解，我们把人工形态模仿分为以下三个类别讲解。

（1）初级模仿。对自然形态的研究在众多人工形态创造中，起到了重要作用。早在人类文明初期，人们就常常以自然界中的自然形态为范本，进行有意识的模仿创造。

如图 1–8 所示的龙形提梁壶小口低领，三兽蹄形足，壶身前部有龙首形壶嘴，与之相应的壶身后部塑有一只虎形兽，壶身上部有象征龙体的六方拱形提梁，提梁前端有一对螺旋状龙角，上端为两组齿形脊棱，末端有一条蛇形龙尾，壶盖中心为一只捏塑的鸟形钮。经学者研究，壶嘴和提梁为青龙，虎形兽为白虎，鸟形钮为朱雀，扁圆形壶身为玄武，都是从现实中存在的兽禽形态基础上提炼的，寄托了设计者的喜欢、敬畏的情感。

图 1–8　龙形提梁壶

自然形态具有运动感、生命活力和自然美。从古至今，人类不断从自然形态中受到启发，获取创作灵感，设计和创造出无穷尽的各种优美的产品形态。

（2）深入模仿。随着科学技术进步和人类对自然认识程度的不断提高，许多设计师仍在研究自然事物，但是与初级模仿形态阶段有了很大的不同。并以此作为发展的新模式，在形态创新方面也不例外。人类首先是从个别的生物机制中受到启发，并从外部特征入手加以模仿。大蒜是大家熟悉的一种食材，底下鳞茎分瓣，味辛辣，分为白色和紫色两个品种，调味瓶的设计不仅模仿大蒜的颜色、形态，还更加深入模仿了大蒜的瓣状结构及瓣体的容纳功能，使之与调味瓶的功能内涵和对味道的意象理解相一致（见彩图 2）。人们根据自然界中各种花卉、植物、动物的形态和结构设计出大量的日用生活器皿。如根据海豚的形态设计出具有流线造型的鱼雷，根据蜻蜓的形态设计出直升机等。

有一种工业设计方法也叫仿生学，这与生物学中的仿生学既有密切的联系又有不同之处，在产品形态设计创新中最直观的设计手法就是仿照生物的形态进行设计创造。

（3）几何形态提炼。几何学上的形是经过精确计算而做出的精确形体，具有单纯、简洁、庄重、调和、规则等特性。如圆形、方形等。在几何学上提到的形态，是人类对形态提炼概括的结果，它把一个复杂的客观世界，以一种最简洁的形态向人们展示出来。在设计中用得最多的纯粹形态，即点、线、面以及它们的综合变化。

图 1–9　几何形态咖啡机

自然界中蕴藏着极其丰富的形态资源，是艺术创作取之不尽、用之不竭的源泉。对于工业设计也是如此，许多设计师正是从大自然中获得设计灵感，从自然的形态中将美的要素提炼和抽象出来，创造了大量优秀的产品立体形态。在分析工业产品立体形态中，人们可以发现，很多产品形态都是由简单的几何形态发展而来的，如图 1–9 所示。

三、虚拟设计训练

1．目的

培养学生对形态的认识能力，捕捉自然界中美的形态，锻炼其 PPT 文件的制作技巧，培养学生团结协作精神。

2．内容及要求

（1）资料搜集。在自然环境中搜集自己认为“美”的形态至少 40 个，真实地拍摄下来，制作成 PPT 文件（以自愿为原则分组进行，每组 4 ~ 6 人），业余时间进行（在一周内完成），每个小组上交 PPT 电子文档一份。

（2）课堂练习。根据收集的形态做一个台灯形态设计方案，手绘，表达清楚基本形态、结构，课堂 30 分钟内完成（后续可以进行计算机建模、渲染）。

3．作业评价与交流

（1）作业展示与交流。根据作业完成情况，教师指定 2 ~ 3 个完成效果较好的小组派代表进行 PPT 文件展示和讲解。目的是让学生从自然形态中总结、认识美的形式规律。

（2）教师针对学生课堂练习和后续设计进行评价。

4．案例

（1）“草”灯设计。仿生对象选择适当，设计者抓住小草不屈不挠顽强向上、最具生命力的“姿态”，以此为设计切入点进行台灯的形态设计，把嫩芽的形态与开关的功能巧妙结合，照明部分隐在“草”尖部，形态完整。使产品具有生命感（如图 1–10 所示）。

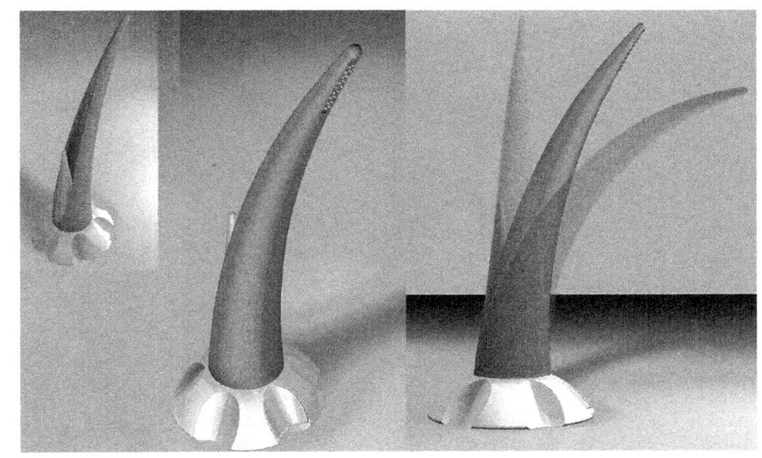

图 1–10　“草”灯设计（黎文标）

（2）“花”灯设计。这款设计是学生根据校园中“小花”为蓝本设计的一款可以收缩自如的灯具。对花的结构、花瓣形状及颜色进行了概括。构思精巧，产品的形态蕴含了花开的动感（见彩图 3）。

以上两个案例是工业设计专业二年级本科生的作品，是他们首次接触产品形态的专项设计，设计中还存在很多不足，比如对材料、结构思考不全面，但是单从由自然界捕捉美的形态，并加以提炼、概括的效果看还是值得称赞的。

第二节　工业产品形态设计的基本原则

一、工业产品形态的价值和意义

工业产品形态既包含着产品的基本需求，又体现着产品的延伸需求。人们正是通过产品形态这一载体，解读与理解产品所要传达的一系列信息。产品形态作为沟通物与物、人与物、物与环境之间的媒介，在产品功能与形式表现之间建立直观、感性的联系，使产品形成统一的整体。

1．物与物的协调关系

研究的是物件与物件之间的相互适应关系。在产品造型设计中又具体表现为各个结构部件之间的连接、组合、拆分、折叠、固定等关系。如图 1–11 所示为 Stokke Xplory 双向婴儿手推车，通过把手方向、坐篮角度与高度、脚托长度的调节，实现了婴儿睡篮、婴儿座椅、

图 1–11　双向婴儿手推车

婴儿提篮与婴儿车收纳四个不同的形态。在这里，产品形态的变化主要是依靠部件与部件之间的可调方式决定的。要使产品的操作更便捷，关键就是把握好产品各部件的协调关系，使之更好地为产品的功能服务。

2．人与物的情感关怀

产品设计出来最终要被人所使用，因此，除了考虑产品自身的功能诉求外，还要进一步考虑其使用对象——人的情感关怀。这里说的情感关怀既包括对人的生理尺度的适应性关怀，探讨如何设计出使用者能舒适使用的具体产品形态，还包括满足使用者精神上的情感需求，让使用者在使用产品时获得更多的情感共鸣。

在工业设计学科范畴里，针对人与物的研究，衍生出了众多的学科分支，其中最具代表性的就是人机工程学与情感化设计。前者是从理性的角度，考量人体的生理尺度与产品应用之间的静态与动态关系；后者则是从感性的角度，综合人们对客观事物的认知，唤起人们对产品的情感共鸣，从而获得良好的产品使用体验。

图 1–12　办公椅

如图 1–12 所示为办公椅的设计，它离不开对人的研究，从颈部、背部、手臂、腰部、臀部一直到腿部，每一个生理尺度都与椅子的舒适度与灵活度息息相关，由于办公椅特殊的使用环境，导致了坐办公椅的人群流动性相对较大，因此，这类椅具在设计的时候要充分考虑其调整的灵活度与舒适度，从而满足不同人的体型需求。阿莱西设计的日用品系列（见彩图 4），是情感化设计的典型代表。设计师将枯燥沉闷的通马桶工具用诙谐幽默的拟人手法加以设计，抓握的手柄设计为跳入水中瞬间的优美姿态，再配上色彩鲜艳的糖果色，打破了人们对该产品的固有印象，拉近了产品与使用者之间的距离。

3. 物与环境的可持续发展

随着科技的发展，现代技术所引起的环境与生态的破坏越来越严重，使人们逐渐意识到工业设计在为人类创造现代生活方式和生活环境的同时，也加速了资源、能源的消耗。早在 20 世纪初，"绿色设计"这一概念已经被提出，对工业设计而言，绿色设计的核心是"3R"，即 Reduce（减量）、Recycle（再生）和 Reuse（复用）。作为一名设计师，要充分考虑产品与环境的可持续发展，它不仅包括使用环保材料，设计的产品可回收利用，还包括倡导绿色生活的引导教育。

除了自然生态环境，不同地域、不同国家所处的宗教、艺术、哲学等文化环境也各不相同，由此产生的产品形态或多或少携带着某种特定的文化特征。如图 1–13 所示，该时钟的设计师陈幼坚先生从中国传统文化中的书法入手，通过字体笔画的结构特征，抽取了共同的构字笔画，与打散的字体在某一个特定时刻正好构成完整的字型，独具匠心，体现了含蓄优雅的东方文化。

图 1–13　时钟（陈幼坚）

二、形态设计三个基本要素及相互关系

产品作为一个客观存在的事物，它的"形态"不仅仅是指它的外形，更重要的是通过外形表达出的"内涵"，设计者希望它对购买者产生足够的表现力和感染力。从产品形态所包含的主要内容看，它可以包含功能、技术和美学三个基本要素。

1）功能要素

它是指产品的用途和使用价值，是产品赖以生存的根本所在。功能对产品的结构和造型起着主导的决定性作用。苏联一位著名的构成学家曾说过，有什么样的功能就决定了什么样的样式。这种理论曾影响了苏联乃至后来俄罗斯的产品形态的风格，如图 1–14 所示。

图 1–14　俄罗斯著名设计师 Slava Saakyan 不同时期车的内饰设计

2）技术要素

它是工业产品得以成为现实的物质基础，包括材料和制造技术手段，并随着科学技术和工艺水平的不断发展而提高和完善（见彩图 5）。

3）美学要素

工业产品的形态塑造离不开美学基础，它利用产品的物质技术条件，对产品的功能进行特定的艺术表现。工业产品的形态与功能结合的是否完美，决定了是否能增强企业产品的市场竞争力、提升产品的品牌形象和满足人们对产品的视觉愉悦要求。产品的精神功能由产品的形态塑造予以体现。随着技术的不断进步和审美取向的变化，复杂的形态和结构变得可能，特别是工业产品个性化趋势的流行，产品的美学要素在形态设计中的位置显得越发重要。

产品形态的三要素同时存在于一件产品中，它们之间有着相互依存、相互制约和相互渗透的关系。功能要素依赖于物质技术条件的保证才能得以实现。而物质技术条件不但要按照产品功能所确定的方向才能发挥，而且它还要受到它本身的合理性和产品经济性的制约，为产品功能和美学要素服务。产品功能和物质技术条件往往是在具体产品中完全融合为一体的。而美学要素，尽管存在着少量的、以装饰为目的的内容，但实质上，往往受功能的制约。产品功能直接决定了产品的基本构造，而产品的基本构造既给造型的美学要素提供了发挥的可能性，同时也对形态的塑造进行了一定的约束。至于物质技术条件，则更是与产品形式美休戚相关。材料本身的质感、加工工艺水平的高低都直接影响产品的形态质量。如图 1–15 所示为丹麦设计师潘顿（Verner Panton）设计（1960 年），以自己名字命名的第一把统一造型、一次性压模成型的椅子。虽然形态受到产品功能和物质技术条件的制约，但设计者仍然可以在同样功能和同等物质技术水平条件下，以不同的结构方式或造型手段，创造出变化多样的产品外观式样。

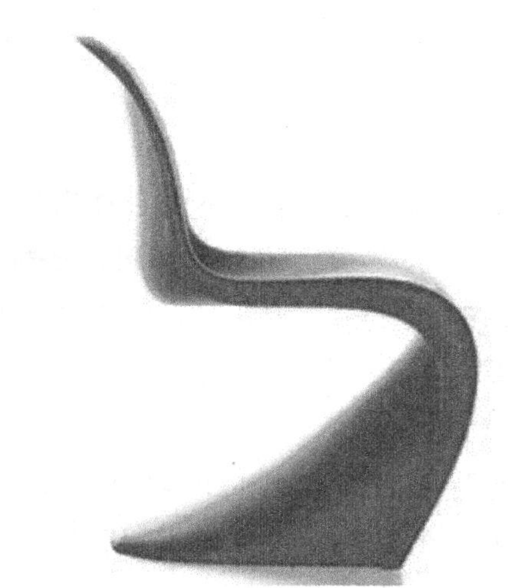

图 1–15　1960 年 Verner Panton 设计一次性压模成型的椅子

如果功能结构对造型产生过分的不利影响，则结构也有必要因造型的需要而在不影响功能的前提下作合理的改变。所以，功能和形态美感必须紧密地结合在一起。如图 1–16 所示为柏林 Stange Design 公司设计的纸板床，它由纸板拼接而成，长度与宽度可任意调节。总之，在任何一件工业产品上，既要体现出现代的科学成果，又要体现出强烈的时代美感。这是进行产品形态塑造的最终目的。

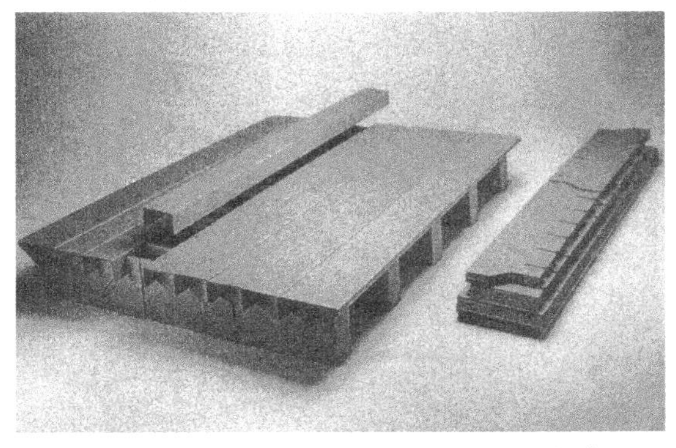

图 1–16　Stange Design 公司设计纸板床

作为一名未来的设计师，应该深刻理解功能、技术和美学三者之间的关系，在设计中无论偏重哪一要素都会影响产品的综合质量。而一些工业产品在国际和国内市场上缺乏竞争力，并不是产品缺少这三个基本要素，而是因为产品失去了科学技术的先进性、时代的艺术感染力和资源的有效利用，致使产品缺乏整体竞争力。随着资源的日益短缺、原材料价格上涨、劳动成本提高，中国产品已经失去了低价格的优势，故必须朝着提高产品附加值方面进行努力。其中找到产品三要素的完美结合点是很重要的手段，从工业设计的角度看，产品形态的创新占很大的比例。

三、工业产品形态设计的基本原则

产品设计的灵魂在于创新，每一种设计作品都应该与众不同。然而，面对越来越多的产品被创造出来，人们一定想知道，在这些多变的形态背后，有没有一些客观因素和客观规律，也可以说是形态设计的基本原则呢？随着时代的发展、科学的进步、人类审美取向的变迁，设计逐渐渗透到人们生活的各个方面。概括和总结出设计的共有规律，能使设计遵循合理的方式进行，最大限度地降低风险是人们在不断地探索新的现代设计原则的动力，下面重点介绍影响工业产品形态的设计的原则。

1. 功能原则

1）功能决定形态

汽车主要是用来运载人或货物的，服装是用来穿着的，房屋是用来居住的，失去这些功能便不会被称为汽车、服装、房屋了。从理论上讲，产品设计的核心是功能，人们是为了某种目的而创造了产品。几乎找不到不具备任何功能的产品。所以对设计师而言，功能是最先需要考虑的因素，也是必须考虑的原则。

从历史的角度看，劳动人民在长期的生活、劳动中创造了大量形态独特、与功能完美结合的产品。我国湖南道县玉蟾岩遗址出土的陶罐，能很好地说明产品基本形态与产品功能

图 1-17　湖南道县玉蟾岩遗址出土的陶罐

关系的例子。如图 1–17 所示深钵形的主体形态，说明其主要是用来盛装水或食物的容器，而尖尖的底部可以插入泥土和砂石中起到固定的支撑作用。基本形态毫不累赘地表达了物品的功能。图示 1–18 所示为西方的一把餐具，不同于其他的银勺，此勺一侧有刃，这是因为在西方厨师常用它来切割食物和在盘中布菜。

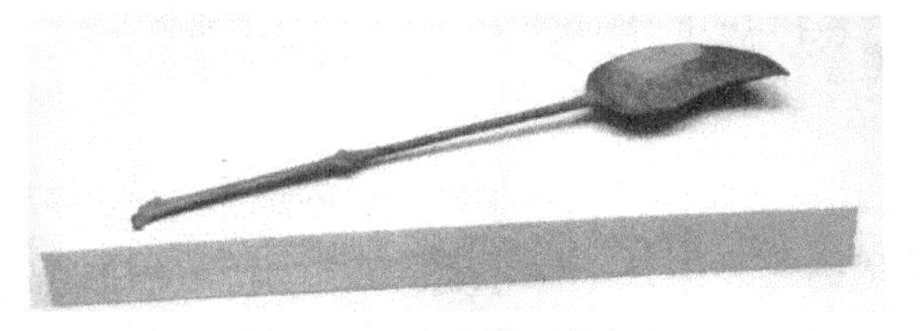

图 1-18　一边带刃的餐勺

设计史中最有代表性的、强调造型设计中应注重功能的设计理论，由 19 世纪 70 年代在美国兴起的芝加哥学派所倡导，虽然该理论最早应用在建筑领域，但是对产品设计产生了重要影响。主要代表人物沙利文（Louis Sullivan）最先提出了“形式服从功能”（Form follows function）的口号。后来德国包豪斯设计学院强调设计中技术与艺术的统一，创立了一种简洁、明快、具有现代审美趋向和时代感的新风格。它的设计的目的是为“人”而不是为“美化产品”，因此将功能的需要放在首位。如图 1–19 所示家具为包豪斯时期具有代表性的产品，因为其功能的完整与适用、形态的简洁，至今还受到使用者的青睐。瑞典当代设计师 Thomas Bernstrand 设计的椅子，常以既有形式为原型，在承袭经典造型的基础上为产品寻找可延伸的功能，如图 1–20 所示。

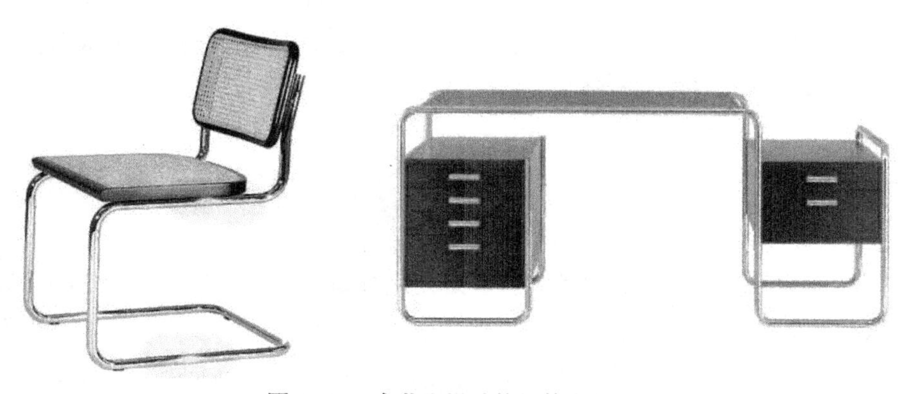

图 1-19　布劳耶设计的钢管家具

2）合理的功能形态是美的形态

著名的苏联飞机设计师阿·安东诺夫曾说过：在实践中常常是技术上愈完善的东西，在美学上也就愈完善。如果一件物品表面很难看，那么这将是一个信号，表明它的内部很可能会有一些技术上的失误和欠缺。原始人类精心打磨过的石器，功能结构是非常适合劳作的，且它的形态也几乎是唯一的、最完美的。人们追寻着各种各样的形态，无非是想获得最优美、最舒适的享受。具有极为实用的功能结构，其形式又使人感到美，才是一种高度的技术美。真正意义上的形态美，是形式与内容的高度统一。如图 1–21 所示为苏联设计的望远镜，简洁的形态与功能相适，即使在现代望远镜面前，依然毫不逊色。所以，如果抛开简单为追随潮流而设计形态这一目的，与其挖空心思构想形态，不如扎扎实实完善产品自身功能，形态自然表现为最美。如果脱离功能设计形态，有可能产生多余感，或无中生有的感觉。

图 1–20　Thomas Bernstrand 设计的椅

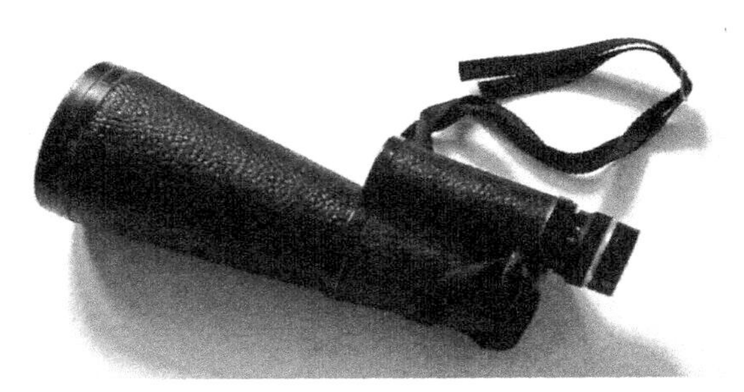

图 1–21　望远镜简洁的形态与功能

早期的许多钟表设计极尽奢华，不仅选材昂贵，而且表面装饰了大量的图案纹样，这些图案纹样从本质上讲并不会对表现产品功能有多大帮助，所以很快被现代人所摒弃（当然，如果那样满足了一部分人的审美需求、价值心态，也算是一种功能，另当别论）。二战结束后，哈利·厄尔（Harley Earl）用飞行器的尾翼装饰在汽车尾部，以此来表达当时人类渴望翱翔天际的梦想，虽然当时新颖的造型轰动一时，但从功能的角度上讲作用并不大，只能作为一种匆匆而过的设计风格，如图 1–22 所示。

图 1–22　1947 年哈利设计的带尾翼装饰的汽车

3）结论

可以看出，产品的基本形态很大程度上来源于产品的功能。在设计某一产品形态时，全面解读产品功能是非常必要的。对功能研究越深入，就会发掘越独特、便于使用的产品形态。随着经济、技术不断的发展，社会审美也有新的变化，对于产品形态也提出了更高的要求。在这种复杂的形势下，依据功能原则更是人们以不变应万变的有效方法。当然也反对一味追求功能至上原则，外形几乎没有变化，让人乏味窒息的设计。

2．技术原则

技术在印象中似乎与形态、设计美学关系不大，但事实上，现代科学技术不仅改变了生产本身，也改变了人的生存方式和审美意识。如果没有近代的自然科学，许多美好的产品可能会无法问世，如果没有先进的生产工艺与技术，许多产品也不会那么实用舒适、外观精美。科学技术的发展从根本上对现代工业文明起到了巨大的推动作用，现代产品无不是在当今科技发展水平上创造发明出来的，产品形态也随着科技的发展历程、使用材料、结构、制造技术的变迁，深深地打上了时代的烙印。

科学技术对产品形态的影响主要表现在产品所使用的材料、材料的结构及其加工工艺方面。比如收音机，在电子科技原理上经历了电子管、晶体管及集成电路数字化时代的不同发展时期，这些与电子技术的发展是不可分割的。而组成收音机的外部材料也由木质发展到现今的塑料，在控制方面从早期的机械式手动调谐发展到现在的自动扫描选台、记忆、轻触的电子式控制，如图 1–23、图 1–24 所示。这些科技的变化，非常明显地影响了收音机的整体外观，这种变化可以从相关资料中查看到。我们有理由相信，当社会经历了机械时代、电器时代、电子时代到如今的信息时代，随着科技的进一步飞速发展，产品世界将变得更精美。技术不是限制人们必须怎样去做。实践证明，科学技术作为客观规律的反映，当技术越来越先进，工艺越来越成熟时，产品造型和形式的创造就越自由，一切形态都变为可能。在后面的章节中从材料及其产品结构两方面来探索其对形态的影响，希望能够发现若干有价值的规律。

图 1–23　老式收音机

图 1–24　数字技术播放器

3. 信息原则

产品形态除了保证产品的功能最大限度发挥出来以外，还有一个非常重要的任务和目的就是向消费者“述说”，传递各种信息。产品是无言的，但一个经过精心设计的产品，其外形应该有“无声胜有声”、“传情达意”的作用。“传情”就是给人以美的享受，“打动”消费者；“达意”则是指产品能够显著地区分出与其他产品“身份”的不同，以及“告诉”使用者如何正确使用等一系列问题，如怎样使用、怎样放置，还可以告诉人们使用的乐趣。正如人们用语言、文字、手势交换彼此信息一样。对产品而言，产品用一套独特的“语言”与消费者交流，这种包含在产品形态之中的“语言”系统称为“产品语义”。研究产品语义的学科称之为“产品语义学”。近年来这门学科得到了很快的发展，也足以证明信息原则在产品形态中的重要性。

现代设计的所谓信息原则就是要求设计师在设计时要考虑产品应当具有的情感成分和如何迅速正确地传送情感。这种在信息层次理解产品设计的观念正受到越来越多的设计师们的重视。当看到一辆款式新颖的汽车时，观察其光洁的外表，拉开车门，关上车门，手握方向盘，体验细微的差别，回味品牌的内涵，你的情感一定会有变化。实际上在上述过程中，你在不知不觉中感受了一辆汽车对你正确传递的技术信息、情感信息和审美信息，这是一种复杂的信息体系对心理和情感起作用的过程。

设计的语义信息是探讨的重点。产品形态作为意义传达或功能表现的手段早就被人认识，一个开关是按还是旋，设计师在设计其外形时，借鉴了人们的一般认识经验。婴幼儿认识客观世界的过程就是不断积累视觉经验的过程，这种经验一旦形成很难改变。比如，他们会认为只要是有圆的轮状东西便是汽车，以后他们才会不断修正这种经验，所以设计师要合理利用这种经验，设计出大众认可并接受的产品。把产品语义学的思想用于电子产品设计，就是要从人的视觉交流的象征含义出发，使每一种产品、每一个手柄、旋钮、把手都会“说话”，它通过结构、形状、颜色、材料、位置来象征自己的含义，“讲述”自己的操作目的和正确操作方法。如图 1–25 所示为不同时期的相机，不用说明书，使用者也会找到快门的位置。换句话，通过设计使产品的目的和操作方法应当不言

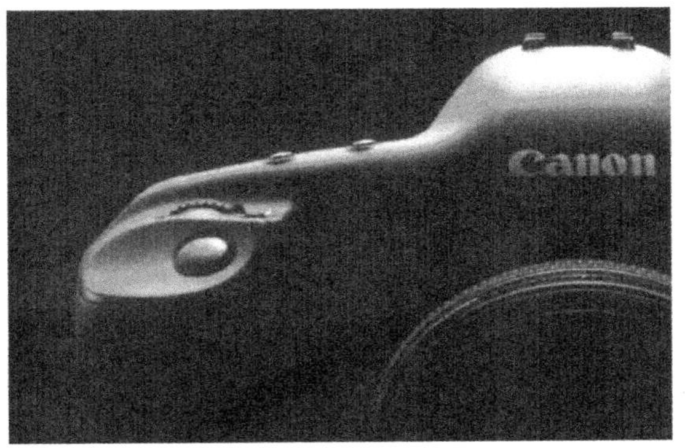

图 1–25　不同时期的相机快门形态设计

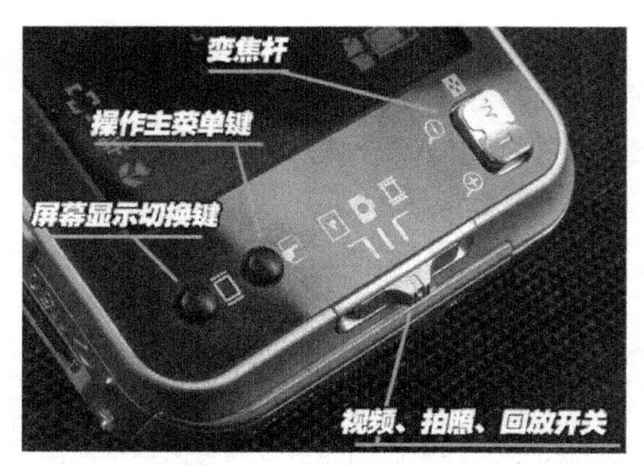

图 1-26　数码产品的操作按钮已成为一种认知符号

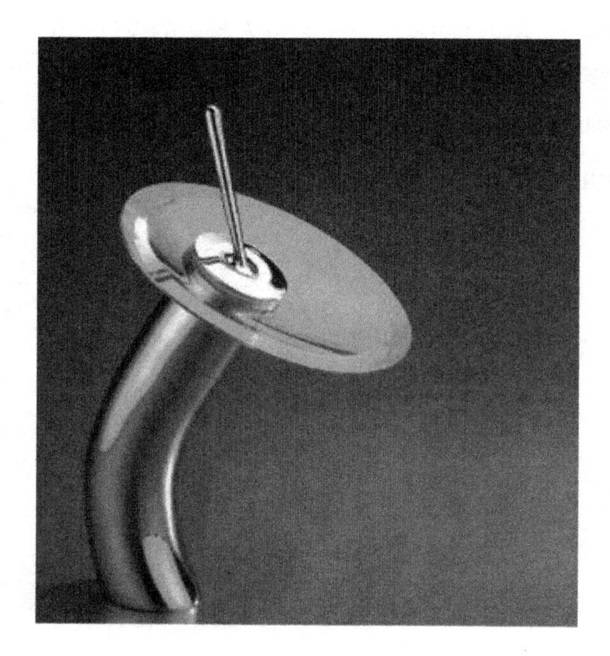

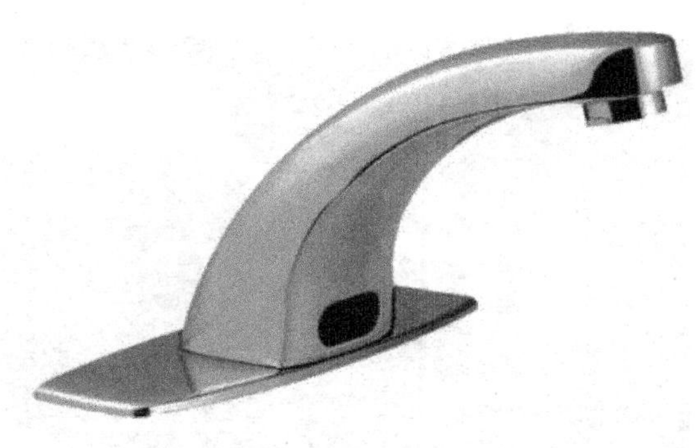
图 1-27　水龙头开启方式

自明，不需要附加厚厚的说明书，使用者也能很快掌握其基本功能，这与设计是否能准确传达信息有很大关系。

1）产品形态语言的可理解性

产品形态要发挥语言或符号作用，就要使这种语言被人们所理解，不产生认识障碍。对于创新类产品，如果产生了新的造型语义，还要使这种语言能够易于学习、便于识记。第一次在西餐馆用餐时，你怎么学会使用刀叉？你可能看到旁人怎么使用，自己尝试下就会了，你并不觉得多难，这表明刀叉的设计给用户提供了简单自学使用的方法。同样，判断一个产品的设计是否成功，最简单的方法是看用户能否不用别人教、自己通过观察、尝试后就能够正确掌握它的操作过程，学会使用。好的设计允许用户自己进行任意操作尝试，不会损坏产品，不会造成产品的误操作，不会引起伤害。在现实生活中，这样的规范很多，比如红色开关往往是电源的意思，现在许多电子产品造型越来越趋向小型化、薄型化、盒装化、板状化。随着这一产品形态发展的趋势，也产生了新的产品语言来区分彼此的关系。数码相机和数码摄像机的变焦杆是一个典型的新生形态，现在已经被人们所认知，如图 1-26 所示。图 1-27 所示为现代的水龙头开启方式。

2）传达方式的内在性

传达方式的内在性是指形态在传达功能时，常常用隐喻或象征手法使人们认识，而并非用图解或附加文字说明的方式来表达，包括产品特性、生产厂家、品牌特征、质量信息等。现在人们一看到外表光洁、曲直面

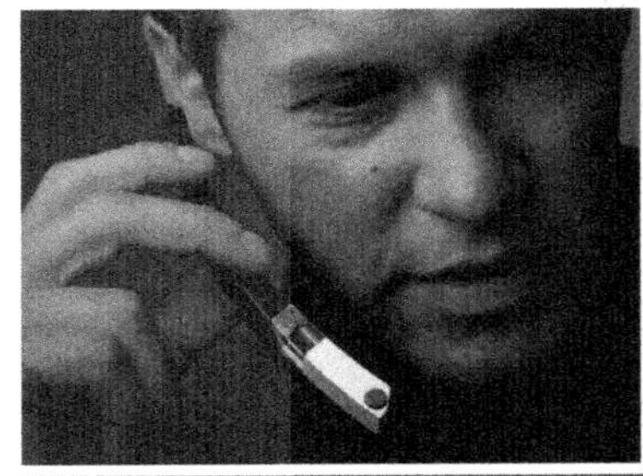
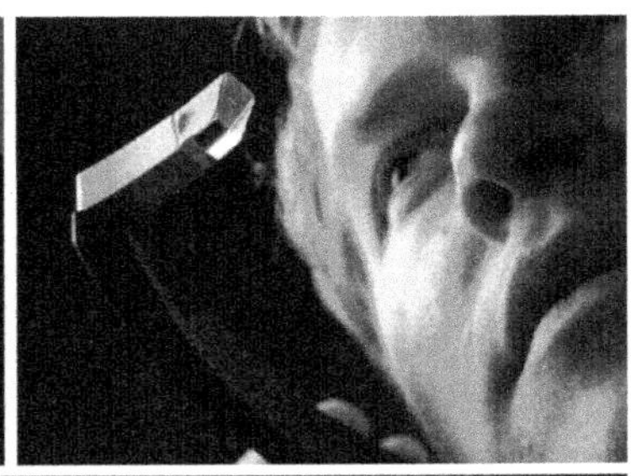
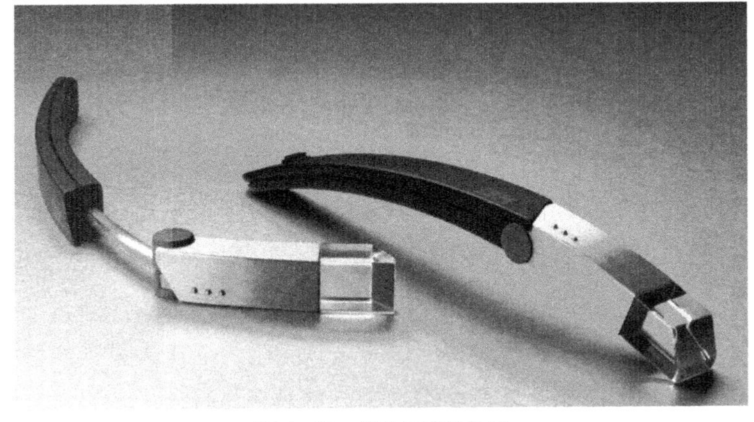

图 1–28　IBM 可视电话

结合、表面涂银色的产品，一般首先会想到是电子产品。在世界电子科技的最前沿，IBM 可谓人尽皆知，这与 IBM（国际商业机器公司）充分重视设计形象或视觉语言有关，IBM 重点强调纯粹的几何图形，具有简洁、高雅和人性化的外观，有时还以异想天开的古怪形式出现。通常，设计的结果给人一种有力、可靠和一致的印象。无论风格和个性品质如何，IBM 的设计结果总是反映它的产品可靠性和确切性，这与今天充斥于市场的外形花哨的设计形成鲜明对比。这种隐含在产品形态内部的品质，使 IBM 的设计及功能被公认为是优质的，如图 1–28 所示。

3）产品形态应具有时代性

与时代的适应性主要是指产品形态与时代精神和文化特征相适应，以带动生活时尚的发展。当然时代性归根结底是技术性，它是建立在现代科学技术基础之上的。比如近年，曲线造型非常流行，这与材料及工艺的完善分不开。电视机、DVD 等的操作面板都是尽可能的简化，只是显出最常用的功能键，其他的按钮都被隐藏起来，这种处理方式是时代性在产品形态上的体现。

4）产品形态应具有一定的信息余量

形态设计中要考虑提供必要的信息余量，特别是在容易出现误操作或一旦出现误操作将带来严重后果的情况下，这种设计的信息余量是必要的，可以提醒消费者引起注意。通常电源按钮除了色彩特殊以外，还会加个国际通用符号，或者干脆写上 POWER（电源）或 ON / OFF（开 / 关）。电脑硬件间的连接具有一对一的唯一性，所以在设计硬件外形，尤其是连接部分的外形时，充分注意到这一点。为了防止喷雾器在加热情况下打开发生烫伤，注水口连接处的设计不仅仅是螺纹连接，还多加了一个看似多余，其实非常必要的一个卡口。相比早期的 USB 接口的标准设计就没有注意到这一点，只是方形的外观，使得插拔时常常正反搞错，这已经引起了设计师的注意，进行了相应的改进。

四、虚拟设计训练

1．目的

强化学生对产品形态设计基本原则的认识，在遵循原则的基础上进行产品形态创新训练。

2．内容及要求

内容：手机形态创新设计。

要求：完成手机的形态设计，要求形态新颖，具有创新性，利于使用，在一周内完成。

3．案例

（1）手机设计：陈强同学设计的手机外形采用了曲线，给人耳目一新的感受，而且有助于拿握，这是形随功能的体现；按键的布置与整体形态曲线相呼应，简洁、易操作，如图 1–29 所示。

（2）老人用手机设计：这是一款专门为老年人设计的手机，与传统手机比较，形态上有很大突破。首先整体造型选择中式服装典型样式，传递了文化感、历史感，容易引起老年人的共鸣。其次在手机的表面没有采用时下流行的液晶显示，而是在中心部位设置了三个快捷键，符合使用人群的操作习惯（见彩图 6）。

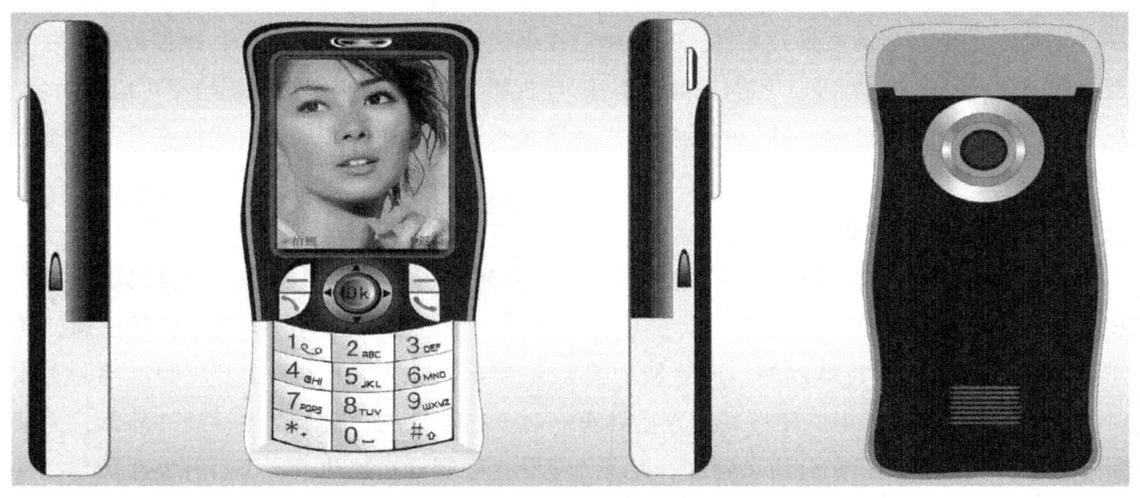

图 1–29　手机（陈强）

第二章

产品形态设计构成的基本要素

本章主要内容：

- 产品形态设计中的点要素；
- 产品形态设计中的线要素；
- 产品形态设计中的面要素；
- 产品形态设计中的光影关系。

世界万物形态无论多么复杂，都可归纳为点、线、面三个固定而又单纯的基本构成元素。在设计专业低年级开设的以“三大构成”为主要内容的基础课程，帮助学生学习单纯形态的构成法则，因为它没有具体产品功能、材料、工艺等条件的限制，所以相对是自由的。教育家康定斯基说过：“点、线、面是造型艺术表现的最基本语言和单位。它既有符号和图形特点，又能表达不同的性格和丰富的内涵，它抽象的形态，富于艺术内在的本质及超凡的精神”。在产品设计过程中利用点、线、面基本元素，可“有理有据”地创造出千变万化的产品形态。近年来，许多设计师对“影”与“形”的相互关系做了许多研究工作，丰富了传统的造型手段。

第一节　产品形态设计中的点要素

在几何学中，对于点，只要给出坐标，它的位置就确定下来，而不具有大小和形状的特征。

在设计中，点是具有一定形状的。在产品形态构成中，点同时既有大小，又有形状特性，因其不同，会引起不同的心理效果。点依附线、面而存在，然而点本身也能产生非常多的变化，相对小单位的线或小直径的球，都可认为是典型的点，只要形体与周围其他造型要素比较时具有凝聚视觉的作用，都可以称为点（如图 2–1 所示）。点的不同形式的排列能产生美的规律。

图 2–1　能引起点视觉效果的形态均可认为是点

图 2–2　炉灶　德国设计制造

下面就“点”要素在产品形态设计中的主要应用情况进行介绍。

一、点的形态

工业产品上的某些操作元件、指示元件、文字、商标等，都可以看作是点形态。图 2–2 是德国设计师设计的炉灶，从形态塑造的角度看，运用了大量的点要素，不仅打破了传统炉具的造型形式，更重要的是与功能结合恰到好处，而且解决了拆洗的麻烦。

二、点的大小

在形态设计中运用“点”要素要注意对比关系，如图 2–3 所示。其大小不应越过当作视觉单位“点”的限度，如果超过这个限度，就会失去点的性质特征而出现圆的感受，也就有“形”与“面积”的特征了。“点”与有面积的“形”并没有具体的尺度规定，而是从与点有关的其他要素或背景条件比较下，才能决定“点”的性质。图 2–4 所示是一个利用“点”对比设计的电话形态，由于对比关系的原因，整体外形完全是一个“面”，听筒和麦克风及按钮等突出了点的形态特征，既有对比又有呼应。

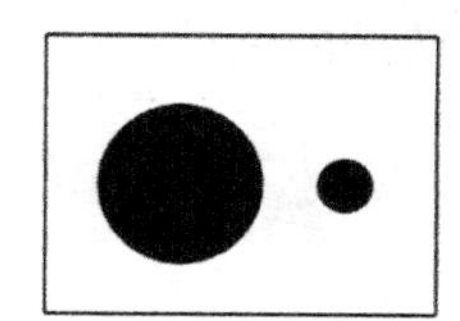

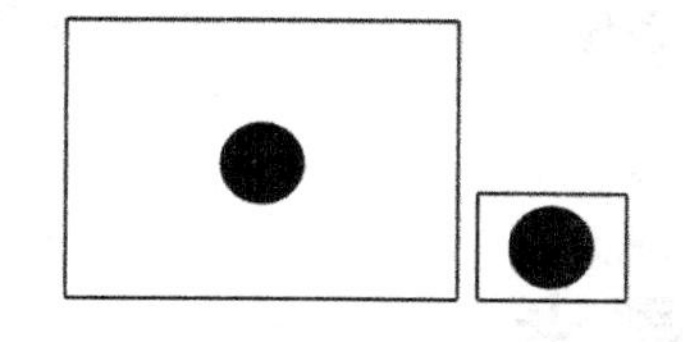

图 2–3　大小对比和背景环境对比

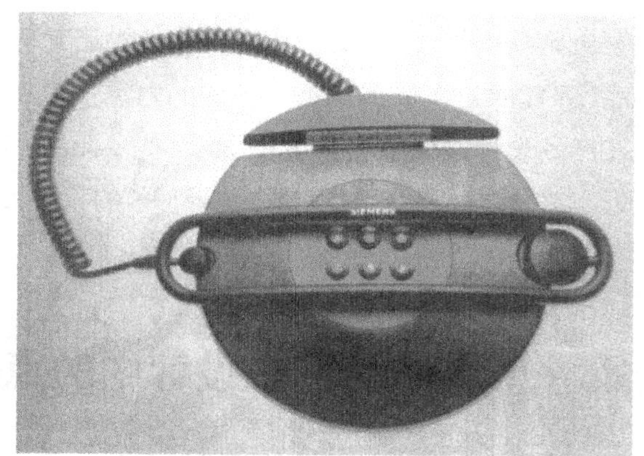

图 2–4　点对比在产品形态中的应用

三、虚点

在纯粹的构成设计中也会提到“虚点”概念，而在产品上是指视觉感受到有点的形态特征，但是又没有材料的积聚，把它称为“虚点”。在产品形态设计中常利用“虚点”的形式来减轻产品的重量感或增强工作面的形式感。如图 2–5 所示。

虚点与实点　　　　产品形态中的虚点要素应用

图 2–5　虚点

四、根据视觉感受特点布置点元素

人的视觉对点的认识是有一定规律的，如图 2–6 所示。

（1）两个一样大小的点，视线就来回反复于这两点之间，而产生“线”的感觉。

（2）两点若有大小之分，则人的视线就从大的点移到小的点。

（3）画面有不在一条直线上的 3 个点，则会形成三角形的面，如果有多个点，又按一定的形来排列，就会有虚形的感觉。

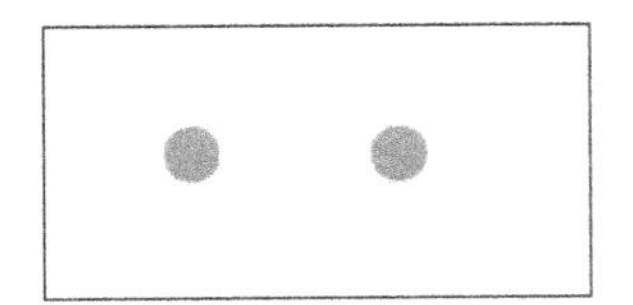

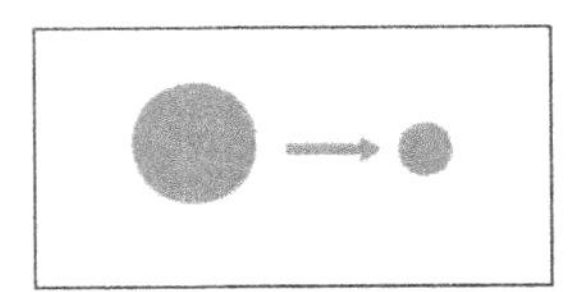

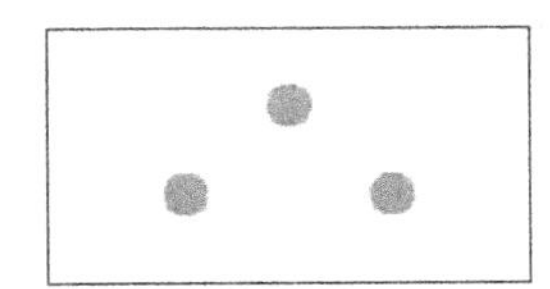

图 2–6　点的认识规律

1．单调排列

形状相同、大小相等的多点排列称为单调排列。这种排列的观感是单调、无情趣的。有时，由于版面成分复杂，采用这种组合可以取得秩序、规整的效果，并能显示出严谨、庄重的气氛。当 3 个点按一条直线排列，那么人的视线就会从一个点到另一个点，最终回到中间点上停止，形成视觉停歇点，这样就产生了稳定的感受。同理，奇数点都有稳定的感觉（如图 2–7 所示），因为视线往复运动后，最终仍回到中间点上。因此，在设计时，各种感觉的“点”宜设计为奇数，这样视觉不易疲劳。但点的数量太多则繁琐，且因视觉很难在短时间捕捉到视觉停歇点，所以同形态“点”的设计

图 2–7　“奇数”排列保持视觉平衡

图 2-8　遥控器（日本川崎和男设计）

每行不宜过多，专家指出最多以 7 个点为宜。早期遥控器的设计按钮排列过于紧密（如图 2-8 所示），尽管进行了功能区的划分，但是不论是形式还是功能都不符合现代人的要求。在有限的面积上完成越来越多的控制功能，如何解决这样的矛盾呢？只要留意周围的一些优秀设计，不难找出答案。比如，利用功能切换、隐藏等方法简化操作面板，利用功能区域划分增强识别性等。

2．间隔变异排列

等形等量的多点做有规律间隔变异的排列，可在保持其秩序和规整的条件下，减弱其沉静呆板之感（如图 2-9 所示）。

图 2-9　间隔变异排列

图 2-10　大小变异 疏密调节

3．大小变异排列

这种排列不仅保持了点的序列和秩序，而且由于大小规律变异，显得活泼、自然、具有情趣（如图 2-10 所示）。

4．密疏调节排列

这种排列是按功能要求做出归纳、布局，使画面既美观、活跃，富有规律，又突出重点。

第二节　产品形态设计中的线要素

在几何学中，线被指明是没有宽度的，但在视觉上它是有一定宽度的，而且它的长度与宽度比例一定是悬殊的，否则不会产生线的视觉效果。线的形态特征在产品形态设计起着重要的作用。

首先以绘画为例看一看线是如何在表达中起重要作用的。这是世界著名的三幅运用线条表达的作品，虽然是在平面范围内，但是能体会到对于如何运用线在设计上是很有帮助的（如图 2-11 ～图 2-13 所示）。

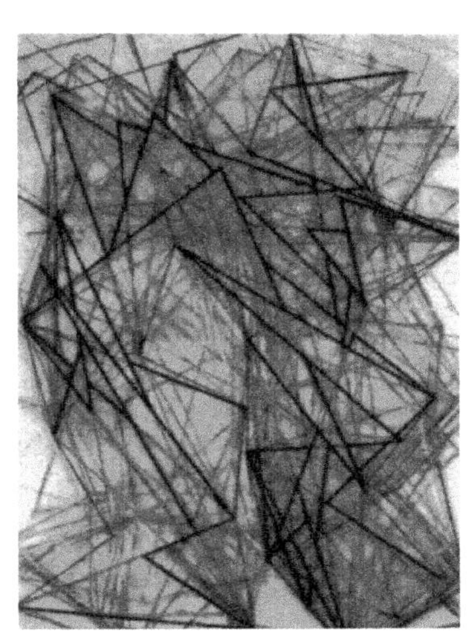

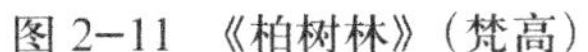

图 2−11　《柏树林》（梵高）　　图 2−12　《波德莱尔像》（马蒂斯）　　图 2−13　《眩晕》（伯克纳）

在荷兰画家梵高的《柏树林》中，柏树由一些并列、起伏、扭曲的线构成。这里的线似乎有了声音，或者就是有声音从中传出，很强烈地表达了艺术家对此景色的主观感受，独到地描绘了法国南部柏树林的特殊形状和质感。这些线互相之间的接近决定了某一区域的深度、明暗关系和亮度。通过这些简单的布局，梵高创造了一个既有亮部又有阴影的柏树图，又制造了一个活生生的空间，使观众有一种深入平面之内的幻象，变换线的疏密和灰度产生节奏和韵律感。此外，由于没有使用直线和有拐角的线，使画面看上去像藤蔓植物，隐喻了生命不驯服和狂野的自然品行。总之，梵高使用线的方式，对人们理解画面的寓意有着巨大的作用。

法国画家马蒂斯在《波德莱尔像》中用线也非常独特，但是他的线同梵高产生质感的线有很大的不同。在这幅作品中，不像梵高一样改变线的粗细和灰度，马蒂斯使用的是粗细均匀的线，而且自始至终用一种线。这种相对一致的线更加强调了线的方向和特性。有的线长而弯曲，如领口下颚的斜线；有的线方向的变化很突然，如上嘴唇。这种富有表现力的手法叫“线速”，用于移动人们的视线，从而创造一种可以感觉到的视觉节奏——赏心悦目的艺术手段。马蒂斯通过外部线条向内部空间的运动，试图制造一种深度感。

美国画家伯克纳在《眩晕》中使用不同粗细的长短线组成不同的结构和密度，线条方向的丰富变化使画面产生了突然转折的动态。在这一过程中，最初的线条因被擦去或覆盖而减弱，作品成为绘画过程的视觉记录，其中包括了画家创造的全部心迹，结果很有意义。作品不是单纯将观众的注意力集中在空间错觉上，而是给观众更加实在的感觉。

线，根据其形状、稠密、节奏和角度，以及用来画线材料的不同具有不同的特征，而且它们的背景和企图传达的信息可以影响观众对其特性的理解。在产品形态设计中，线元素不像点元素那样常被作为很单纯的感知对象来表现，它大多是伴随着产品表面的转折或是产品结构或生产工艺在产品上留下的印记而出现的。

一、线的概念

线是点运动的轨迹，是形态的代表和基础，可以认为一切形态都有线。当形体某一方向的尺度远大于其他两个方向时，在视觉上它就是线。在很多情况下，是依据线来认识、界定形体的；在很大程度上，对形态的把握是依靠对轮廓线的提炼而获得的。线的表现力最丰富，它是形态要素中最为重要的，很多艺术形态都以线作为主要表现手段，线是决定形态基本性格的重要因素，是设计师的重要语言。如图 2–14 所示为婴儿体重秤，形态简洁实用，表现这个形态主要特征的是侧面的弧线。

同时产品形态中面的转折和边界也给人以线的感觉，称为消极线，如图 2–15 所示。

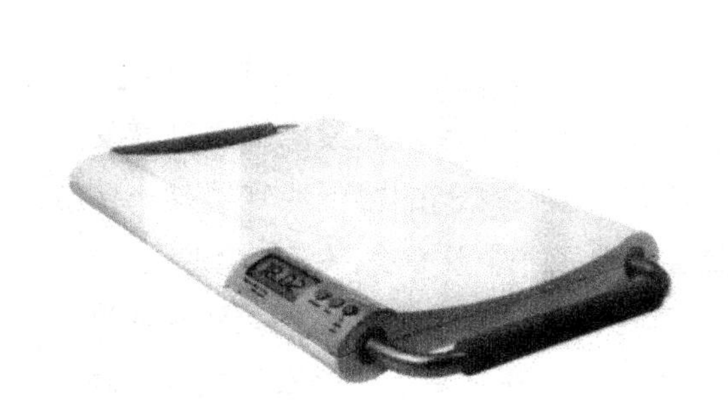

图 2–14　婴儿体重秤

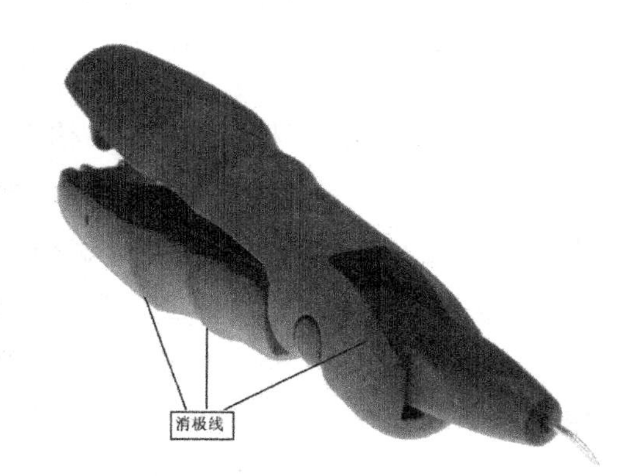

图 2–15　产品形态中的消极线

二、线的类型及性格

1．线的类型

线可分为直线、曲线。直线是由沿同一个方向移动的点形成的。曲线是由连续地改变方向的移动的点形成。曲线分为几何曲线和自由曲线。

2．线的性格

线的类型及方向等许多特征赋予线多样性格。线的各种性格是很明显、很活跃的，在产品形态中对于表现产品的内涵起到很重要的作用。

1）竖直线

竖直线能给人以严格、坚硬、明快、正直、力量的感觉。粗直线有厚重强壮之感，细直线有敏锐之感。如图 2–16 所示，室内立柱、落地窗框、桌腿等都大胆采用了直线，能使人感受到力的美感。

图 2–16　直线在室内装饰和家具中应用

图 2–17　液晶显示屏和音响（韩国）

2）水平线

水平线具有安详、宁静、稳定、永久、松弛感觉。产生这些感觉是由于水平线符合均衡的原则，如同天平两侧质量相等时秤杆呈水平状一样。这些感觉能使人联想起长长的海岸线、平静的海面、宽广的地平线、大片的草原等。如图 2–17 所示液晶显示屏和音箱是韩国的一个优秀设计，它强调了纵向的垂直感，在突出产品硬朗性格的同时，主体使用了水平线，强调了稳定性，使人产生安全感、厚重感。

3）斜线

斜线有不稳定、运动、倾倒的感觉。如图 2–18 所示，如果把观察者的位置作为坐标，向外倾斜，可引导视线向无限深远的地方发展；向内倾斜，可把视线向两条斜线相交点处引导。

4）曲线

曲线能给人运动、温和、幽雅、流畅、丰满、柔软、活泼等感觉。在造型设计中，曲线的使用能使产品体现出“动”和“丰满”的美感。芬兰设计师阿尔托（Alvar Aalto）设计的花瓶，改变了传统花瓶圆形口、方形口的形态，用芬兰版图外形设计成花瓶的边缘开口，而这款拥有高度美感及抽象感的特殊不规则造型立刻引起了轰动，如图 2–19 所示。

图 2–18　卢浮宫入口处（贝聿铭）

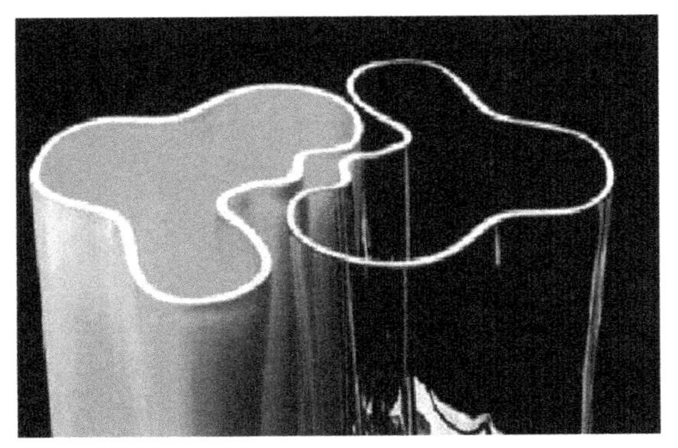

图 2–19　芬兰湖泊外形花瓶（Alvar Aalto）

图 2-20　Cisca 城市座椅（阿根廷）

5）线的面化

虽然它不是一种真正的线型，但是它却可以让人感受到线的存在。如果把线密集使用，便会形成面的感受，可以创造出奇妙的曲面效果。直线群逐一改变角度，创造曲面效果，利用折线形成凹凸效果。阿根廷设计师金普（Juampi Sammartino）设计的 Cisca 城市座椅，采用木板横面线的视觉效果，面化后完成其功能，与直接用平板的效果截然不同，如图 2-20 所示。

上述不同线型之所以给人以不同的性格感受。如直线、对称规则的形态产生凝重端庄的美感；曲线、非对称形则产生活泼变化的快感。这些都是因为人在观察这些线与形时，视线本能地在不等的两边作来回运动，从把握物像的视觉印象积累中获得时间知觉和空间知觉，形成视觉兴奋，导致“兴味无穷”的视觉快感。

第三节　产品形态设计中的面要素

一、面的概念

在三维形态中，一个维度的尺度远小于另外两个维度的形体给我们以面的感觉。由于面是由边界的线所限定的，所以面的边界线形态对面的表情有很大的影响，也就是面同时综合了线的特征。

二、面的类型及性格

1. 面的类型

面从几何学角度分为平面和曲面。从形态角度分为积极面和消极面。平面具有平整、刚硬、简洁之感；曲面具有起伏、柔软、温和、富有弹性和动感的特点。积极的面是在产品形态中由材料围成的平面或曲面，消极面是指在产品中没有材料构造，却给人以面感的空间。如图 2-21、图 2-22 所示。

2. 面的性格

1）几何形

几何形面能给人以单纯、明朗、理性、秩序、端正、简洁的感觉。对于不同形状的几何平面，其性格比较容易判断。总体来说几何形对视觉的刺激集中，感觉醒目，信号感强。但有时会产生呆板、冷漠、生硬、单调感。对产品来说，适合科技感较强的形态塑造，图 2–23 所示。

图 2–21　积极面与消极面

图 2–22　科技感较强的形态

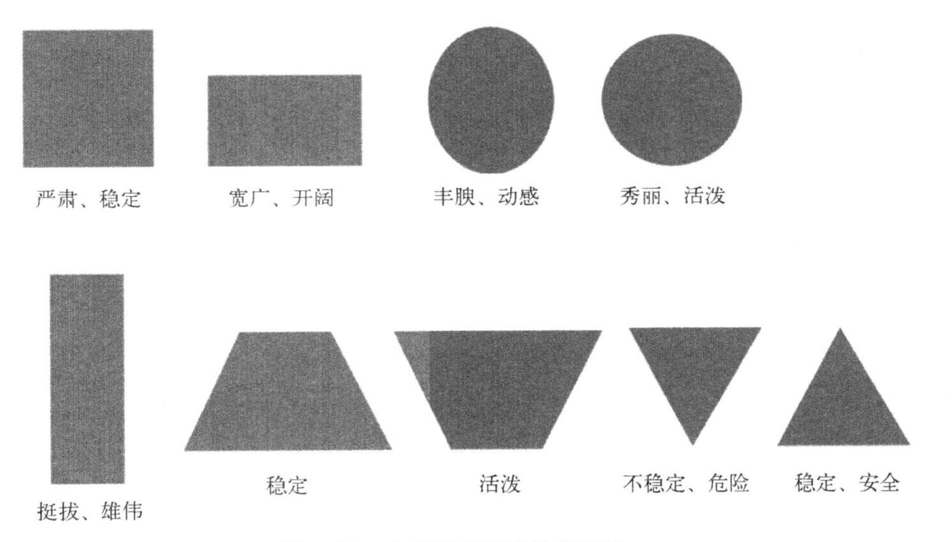

图 2–23　主要几何形的性格特征

（1）正方形的特征是绝对稳定，无方向性和倾向性。由于该特点，人们看到正方形，往往会有茫然无所适从的感觉。从造型角度讲，由于其两个方向的尺寸相同，是较难处理的。正立方体则三个方向尺寸均相同，除了有一种无可争辩的稳定性外，其他没有什么更好的理由用在产品上。正是由于具有强烈的稳定性和严肃性，可以看到在需要引起关注的指示物、标志物背景和图案上经常使用正方形的形态，如图 2–24 所示。为了增强相容性，直角多处理成圆角。另一方面，正

图 2–24　机场指示系统图案

方形作为工作台面（家具设计）可以营造平等、相互信任的环境，很适合培养团队工作的积极性。正方形作为地面材料（如花岗岩板材）形状，因其无方向性暗示从而避免了对人的运动方向的强制性视觉干扰，使人们心情舒畅，但用正方形墙面砖就相对比较少了。通常，室内墙面砖为长方形并竖直放置以加强空间的高度感，也有以横置的长方形墙砖布置以营造一种安谧的私密空间气氛。

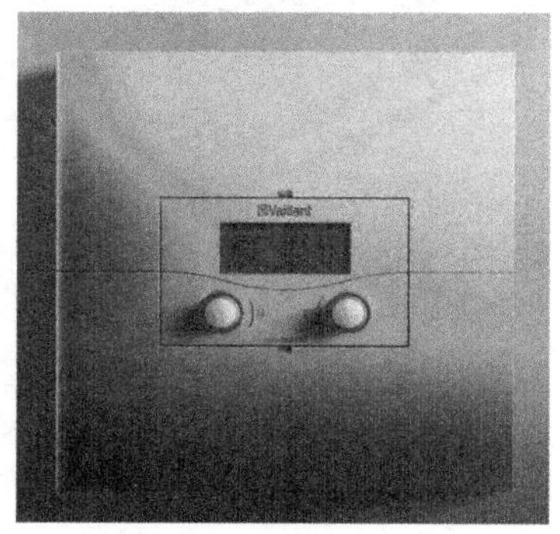

图 2–25　打破正方形视觉禁锢

以正方形为基本形的演绎可在不同位置，以不同边长进行切挖、叠加使原本单调、不具线条感的正方形富有方向上的变化，可考虑如下两种方式：

① 设计其他形用来进一步强化正方形各向同性的特点，构成中心对称的形。

② 考虑打破正方形的视觉禁锢，赋予其方向性。图 2–25 所示。

由于人具有视错觉的特性，如果正方形是垂直放置的，一个真正的正方形看起来会显得略扁一些，因此，设计者可有意识地将高度尺寸略放大一些处理，以达到视觉正方形的效果。

（2）圆与球形的特征总是封闭、饱满、肯定和统一的。还给人以活泼、灵活运动和辗转的感觉。

圆（球）按几何形态评价，具有独特、相当完美的美学特征。与矩形相比，圆在视觉上始终处于临界平衡状态，即在静态中蕴涵着灵动之势。球（圆）的圆润性又使人们想到“温顺”、“柔软”等。而意大利文艺复兴最伟大的里程碑建筑——圣彼得大教堂的大弯顶是一个真正的半球，如图 2–26 所示。意大利建筑学家帕拉第奥在谈及圆形教堂的优点时，用了“简洁、统一、一致、有力、宽敞”等赞美之词，可见球之魅力。

从圆的构成特点看，与其他形相比，圆还具有极度的排他性、强烈的以自我为中心，这种排他性使与其配合的形很难达到和谐，若左右布置不慎则很容易失去平衡。利用和使用圆形态须掌握如下一些技巧：

① 作以过圆中心轴线为对称线的图形较容易与圆取得和谐，如图 2–27 所示。

② 破圆。把离散的元素布置在圆（或圆弧）上，使设计产生精致、多变、有秩序的美感，这实际上是打破或淡化圆的禁锢作为圆的演变，如图 2–28 所示。如切出一个“平面”，可使圆具有矩形的静稳定感。“破圆”

图 2–26　圣彼得大教堂

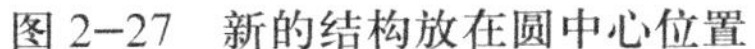
图 2-27　新的结构放在圆中心位置

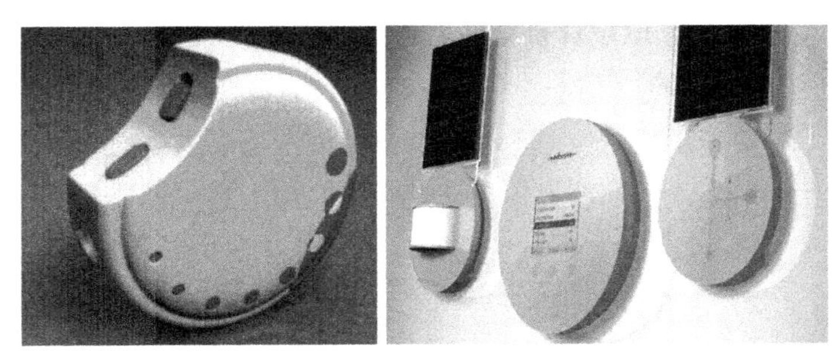

图 2-28　利用“破圆”造型的产品

可以改善其与其他造型元素的亲和力，但是在“破圆”时应注意如下几点：组合后元素与圆应该保持呼应；注意保持同一种形的风格。

在处理圆柱形态的产品时，可以借鉴同样的手段。

（3）等边三角形、三角形的特征。等边三角形具有完美的轮廓符号，既有圆的向心引力感，又具有正方形所欠缺的灵气，给人以稳定、灵敏、锐利、醒目的感觉。这是一种容易被人认识记忆的图形，倒三角形则具有不稳定的运动感。

由于等边三角形的对称性，可以作出各种组合而具有保持 60 度角的严密感，如果对三角形进行适当的演变，容易衍生出既有“灵气”又有“规矩”的形体来。在产品设计中，直接将三角形作为最大轮廓用于造型的并不多，这是由于三角形形体较难与放置的环境相匹配，然而将三角形用于造型的主视觉中则是完全可行的。常常采用对三角形三个锐角及边进行如下的处理方法：

① 直接对角进行“钝化”，如图 2-29 中茶几桌面和仪器的侧端面。

② 拉长某边或使之圆弧化，使尖角变为小弧度自然过渡。

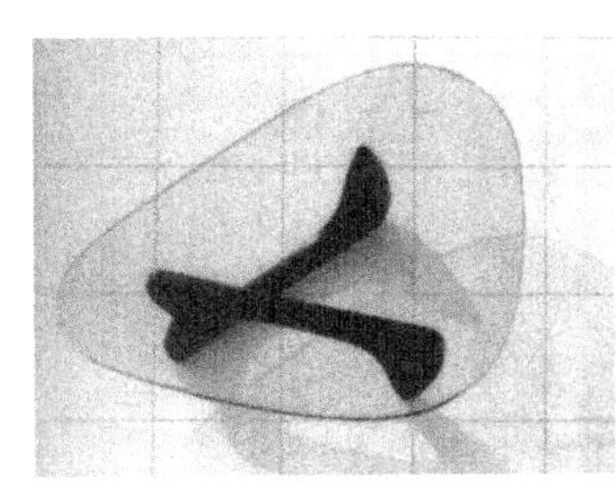

图 2-29　“三角形”为主的产品形态

2）曲面

人对曲面的感受多源于面与面之间切线夹角。

（1）两面边界切线夹角较小：刺激、张扬、耀眼、对比强烈、具有空间深度（见彩图 7）。

（2）两面边界切线夹角较大：含蓄、温情、精美、折线朦胧、对比弱、在平面和空间之间变化（见彩图 8）。

三、虚拟设计训练

1．目的

培养学生掌握对单体几何形态的塑造能力和技巧。在基础训练的基础上，培养和提高学生在有功能限制前提下，巧妙利用几何形态，创造新的产品形态。

2．内容及要求

（1）课堂训练，限时 30 分钟。对一个球的表面附加不同的形（元素），连作 10 ～ 30 步，每一步使球形产生不同的视觉效果，研究附加的形（元素）在球面上的分布方式——球的形式特征、心理特征。保持跳跃的发散性思维。

（2）虚拟设计。请选择你喜欢的一个几何形态，以此为形态设计原点，赋予其一种主要功能。要求思维独立，创新性强，形态与功能相适应，符合现代人的审美要求。一周内完成，要求计算机建模。

3．案例

（1）课堂训练。如图 2–30、图 2–31 所示是两名学生在有限的时间里完成的课堂训练草稿。两幅的共同之处是抓住了球形体塑造的基本规律：无论怎样添加和去除材料，都围绕着球的对称性去做，保持了球体形态与生俱来的优势。难能可贵的是两位同学的草图都有自己的设计倾向：温耀敏同学重点想打破或淡化圆“温顺与柔软”，赋予它方向感，沿右上－左下轴为主线、左上－右下为辅线做“文章”，并使形体保持着很好的平衡。苏逸衡同学的习作保持了球体的圆润、柔美，增强了球的稳定性，似乎告诉人们球体内有呼之欲出的神奇。

图 2–30　课堂训练一（温耀敏）

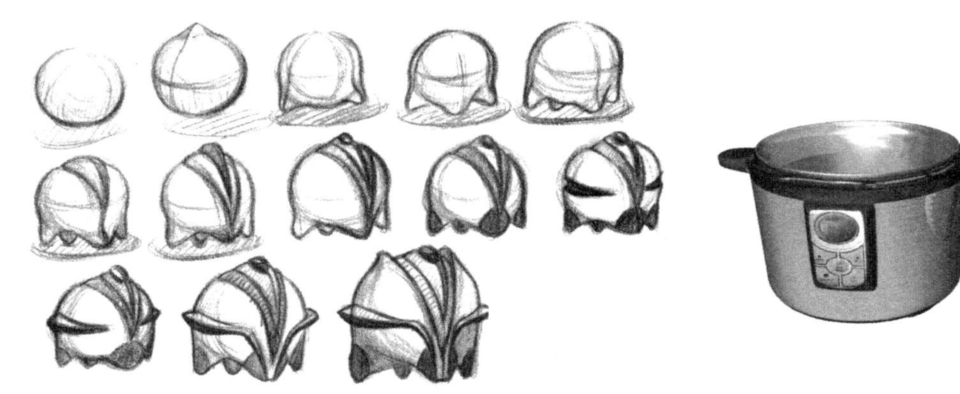

图 2-31　课堂训练二（苏逸衡）

图 2-32　电压力锅（潘建钟）

（2）压力锅外观设计。潘建钟同学的压力锅如图 2-32 所示，主要形态仍然保留着传统的圆柱形，对称配以半圆形的“双耳”，形态与功能相适应。值得称赞的是操作面板的设计，采用点形态造型为主，同时运用对比、变形、呼应等手段。

（3）MP4 概念设计。林超琪同学设计的概念 MP4 如图 2-33 所示，外形摆脱了传统 MP4 类产品长方、方形的形态。三角形正置给人积极向上的感受，三角形作支架，稳定性很高。遥控器同样采用三角形，形态相同，比例缩小，与整体呼应。遥控器面板设计很有特色，符合视觉认知规律。

屏幕完全打开状态

屏幕正在打开状态

MP3纯音乐模式

图 2-33　概念 PM44 设计（林超琪）

(4)"线"延伸灯具设计。王国荣同学的这款灯具设计构思巧妙，形态新颖，整体形态简洁（见彩图9）。完整的三棱锥形科技感强，灯的照明部分仍然采用"小"三棱锥形与主体形态呼应，柔和的灯光与挺拔略带神秘感的形态相映成趣。设计者的巧妙还在于利用透明材料承载了电线的杂乱问题，并把它转化为一个摆在桌面上的艺术品。

第四节　产品形态设计中的光影关系

一、光影的概念

光影在产品的造型设计中不具有实实在在的"形"，它有别于产品形态塑造中点、线、面的形体关系——能看得见、摸得着，而光影则是在三维空间中探讨光线形态及其综合变化的影像，能看得见，却摸不着。将光影关系纳入产品形态设计中，能使产品增加形态的表现力与感知力，从"无形"的角度来丰富产品的形态。

二、光影的类型

按光影透射的具体形状，可分为如下几种。

1. 点光

可以指以质点为中心，向四面八方发出光线的点光源，也可以指光线透过小孔投影在某一介质上所形成的点状光斑。在日常生活中，单一的光源发光点都可以看作是点光源，如图2–34所示的LED灯珠、白炽灯泡等。在产品光影形态塑造中，点状光斑主要是指投影后的光线形态汇聚成一个视觉意义上的"点"，这个点既可以是圆形的、方形的，也可以是不规则形的。点状光斑往往能提升产品的视觉效果，起到渲染气氛的作用。彩图10所示为一组户外灯具设计，用白色、圆形的球体作为发光的光源点，在大自然的衬托下，形成一个个点状光斑。彩图11所示为造型各异的地脚灯，在产品的底端进行了镂空处理，光线透过镂空的结构，投射到地面上形成了叶片形的点状光斑，环绕一圈宛如一朵朵盛开的花朵，在产品外观造型的基础上，进一步塑造了

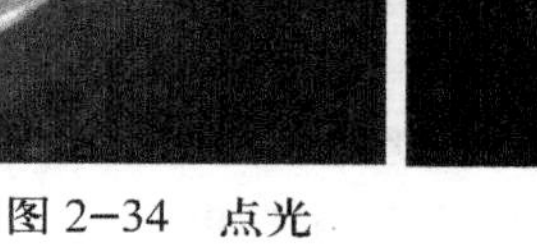

图2–34　点光

产品的光影形态。

2. 线光

它是指由点光源或者点状光斑构成的连续光线的形态，其发光带或光斑的总长度远大于其到照度计算点之间的距离，可视为线光。线光所呈现的视觉形态包括直线、弧线、波浪线、自由曲线等线性类型或由该线性类型所构成的线状图案。彩图 12 所示是灯具将流水长短不一的线条以线光的形式呈现出来，生动地表现出了水的流动性；在手机设计的外框增加一圈线状的灯带效果，使产品的层次感更加丰富，多段的线光还可以在光影的组合中构成优美的图案，体现了光影效果的多变性，为光影形态提供了更多的可能性。

3. 面光

它是指由点光源或者点状光斑构成的具有一定面积的光影效果，点光和面光的说法是相对的，在光影形态中，面光通常能构成整体的视觉效果，具有固定的边界线，能产生稳定的形的特征。常见的面光有 LED 面光、OLED 面光等。如图 2–35 所示为 Canvis OLED 灯具的发光面，具有多种形状。它的角度、曲线和韵律感所传达的情绪能同时提供稳定、均匀的光照与良好的光照层次感，充分体现了面光在光影形态塑造中的优势。

图 2–35　面光

按光影变化前后的效果对比，其可分为：

1）静态光影

静态光影指光影的点、线、面形态呈相对固定的视觉效果，或截取某个运动中的光影效果瞬间定格的光影形态。静态光影强调的是稳定的光影形态特征。彩图 13 为一款花球灯，通过线光塑造灯具通电后的花瓣光影形态，十分优美。

2）动态光影

动态光影和静态光影相反，强调的是光影变化的过程，即在一定的条件下，光影的点、线、面形态出现前后不同的视觉效果，这种变化是具有流动性的。通过把握不同的光照条件的变化与不同材料介质的透光性，营造丰富的光影效果。彩图 14 是第 24 届日本小泉国际学生照明设计大赛的银奖作品，设计师通过改变灯具的距离，使光影的色彩发生了混合的效果，从而产生了两两之间的色彩混合与三者之间的色彩混合这两种不同的动态光影变化模式。

三、虚拟设计训练

1. 目的

培养学生对虚拟光影形态的塑造能力，通过对光影关系的综合理解，探索不同的光影效果及其光线变化的综合形态，设计并捕捉最能体现光影形态的瞬间效果。

2. 内容及要求

(1) 选择不同的光源与材料作为媒介，进行光线实验，观察点光、线光、面光及其综合变化的形态，并进行光影效果的设计。

(2) 发掘不同材料的特性制作草模，观察它的光影变化效果，并记录下来。

(3) 从不同光源、不同材料的光影关系中，找到最合适的光影变化效果，制作最终的方案，并将其以照片的形式拍摄下来，如果涉及动态光影的前后变化，可结合视频来展示。

3. 案例

(1) 陈晓玉同学设计的系列动态光影，捕捉了荧光带沿某一轨迹运动的光影变化效果，通过距离的推移，降低相机的曝光时间，将光线运动的轨迹完整地呈现出来，彩图 15 展示了荧光带水平移动，轴心旋转的动态光影效果，光影色彩层次丰富。

(2) 刘增武同学设计的光影效果，彩图 16 选择了葫芦作为媒介，在葫芦的外壁雕刻镂空图案，灯光透过葫芦镂空的结构，透射出丰富的点、线、面光影，变化丰富，是对光影形态综合理解的很好展现。

(3) 冼立萍同学的光影设计选择了半透明的美纹纸制作而成，彩图 17 是将美纹纸卷成许多小圆柱体，然后堆砌成蜂窝状的形状，通过变换不同的光照色彩，营造出梦幻的光影效果。

第三章
产品形态设计的出发点

主要内容：

- 设计师对产品形态的把握；
- 当代市场的产品需求；
- 当代消费市场的产品特点。

设计师在产品形态塑造过程中，承担着产品形态设计、产品形态调整以及产品形态评价的职责。因此，在进行设计活动前，必须针对产品市场的需求做好充分的准备，认真思考并回答以下 3 个问题：

（1）设计师是干什么的？

（2）产品的市场需求是什么？

（3）市场的消费特点是什么？

只有弄清了这些问题以及它们之间的相互关系，才能在产品形态塑造中进行准确的定位，并顺利地开展设计工作。

第一节　设计师对产品形态的把握

工业设计是为了优化产品的功能、外观、价值等因素，兼顾用户与制造厂商的利益，为它们提供专业服务的创造性设计活动。在通用工业设计的主要领域，则专注于平衡批量生产产品的美与功能的设计，即所谓的产品设计，也是工业设计的核心内容。

作为一名产品设计师，在进行产品设计时，要同时考虑产品的外观形态与功能需求，使制造厂商通过合理、适当的程序生产出符合人们需求并能在消费市场中带来利润的产品。简单地说，就是在各项要素的协调下实现资源、效能和信息的最优组合。因此，设计不是天马行空、瞬间的灵感迸发，而是在有限的情况下进行设计创造，并受到资源、效能等众多环节

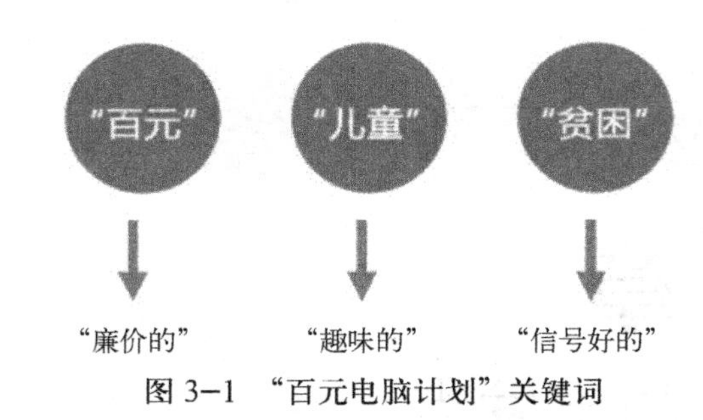

图 3-1 "百元电脑计划"关键词

的制约。

Fuse project 设计公司与美国麻省理工学院共同承担的"百元电脑计划"为非洲等第三世界国家的贫困儿童学习电脑技术设计电脑，如图 3-1 所示。从这个项目的表述中，提取出该项目的若干关键词："百元"、"儿童"、"贫困"，通过这些关键词，对应在设计上应该考虑什么问题？"百元"意味着廉价，设计师要尽可能降低工艺的复杂程度，精简电脑的功能配置，从而降低制造成本；"儿童"则明确了该产品的设计对象，设计师要充分考虑产品的趣味性，从形态设计、产品配色等方面，吻合儿童的审美情趣；"贫困"突出了当地的资源匮乏，地理位置偏僻，通信信号覆盖率较低，因此设计师要考虑产品的信号接收问题。在这一系列限制条件下，最终设计师设计出了一款"百元电脑"（见彩图 18）。

这款"百元电脑"只保留了基本的电脑学习功能，电脑的塑料外壳采用一次成型工艺，配以鲜绿色与白色，色彩分明，整机进行倒圆角处理，形体更具亲和力，同时还别具匠心设计了一个提手功能，便于携带、移动。旋转屏幕的两边可以伸出两个如触角般的天线结构，很好地解决了信号接收的问题。该产品无论是在形态设计还是功能需求上都真正实现了项目限制关键词的要求，一推出市场就获得了巨大的成功。

设计师在产品形态把握环节具有十分重要的作用，这就要求在自身素质的培养中，逐步塑造敏锐的观察力、高超的分析整合能力，创造性地解决问题，并具有能灵活运用设计语言符号的能力，即能戴着镣铐跳舞。

第二节　当代市场的产品需求

一、当代商品中的消费价值因素

在单纯的功能主义时代，人们消费的产品以产品功能为核心，设计师设计产品的主要意义是合理地实现产品的功能。在包豪斯工业时期，就涌现了许多良好功能的产品设计案例。如图 3-2 所示，由乌尔姆学院与德国博朗公司合作设计生产的电动剃须刀，产品形态均衡、简练，没有多余的装饰，该产品造型直截了当地反映出产品在功能和结构上的特征。消费者在产品的设计、生产环节的参与度很小，被动地接受市场上所销售的产品。随着市场经济的发展，人们对产品的消费观念在逐渐改变，商品市场也从产品种类单一、均一的大众消费市场转变为产品种类细化、产品销售渠道多样化的市场状态，衍生了信息产业、服务业等新兴产业类型。在当代商品市场中，消费者越来越关注产品的消费价值，消费价值的不断深化与扩展，也成为产品形态设计的巨大动力，无论是在设计概念还是设计方法上，均不断创新求变。

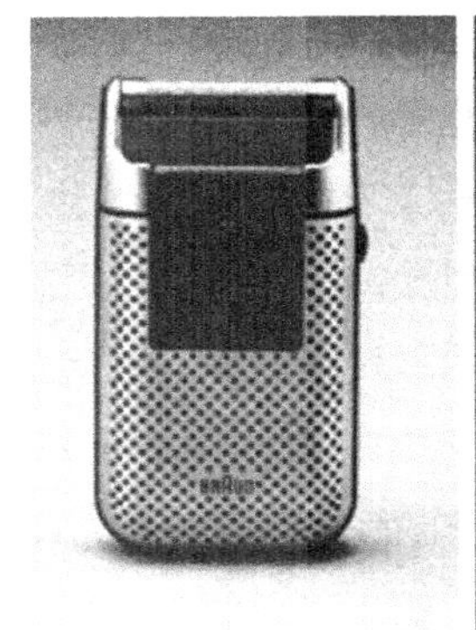

图 3–2　乌尔姆学院与德国博朗公司合作设计的产品

二、消费价值的组成

消费者对产品消费价值的认同，随着产品市场变化不断涌现出新的理解。一般来说，消费价值主要体现为功能价值、心理价值以及文化价值 3 个方面。

1. 功能价值

产品功能价值的体现，是产品存在的最基本意义。消费者消费产品，首先就是对该产品功能描述的接受与肯定。在高科技产品领域，消费者在消费这类产品时，更多的是被它强大的“功能”所吸引。如图 3–3 所示，三代苹果平板电脑在外形设计上几乎看不出什么区别，仍然受到消费者的追捧，并成为行业的领军品牌。产品更新换代的核心价值在于产品功能的突破。新 i Pad 之所以“新”，在于采用了苹果 A5X 芯片，运行速度更快，屏幕分辨率高达 2 480 × 1 536，达到了真正意义上的视网膜屏，软件功能进一步提升。产品的功能价值是产品市场的核心竞争力，也是企业可持续发展的生存之本。

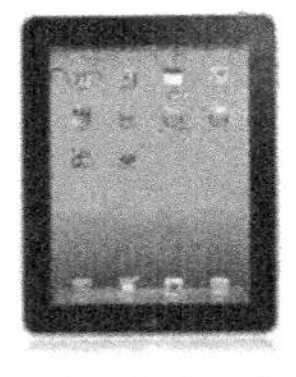

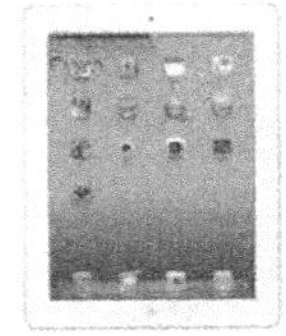

图 3–3　苹果 iPad 系列

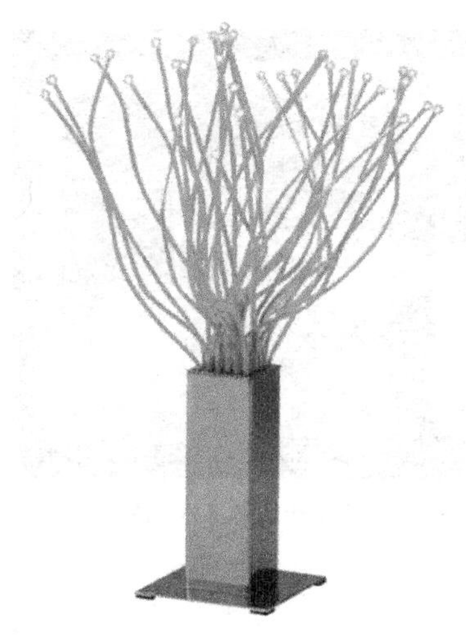

图 3–4　LED 花灯

2．心理价值

消费者作为消费市场的主导者，对产品的选择、评价、购买具有决定性因素，因此，消费者的审美需求、情感体验以及感观反馈，构成了消费的心理价值。一件产品既要美观，又要满足消费者的情感互动，消费的心理价值主要体现在消费者的精神需求上。如图 3–4 所示，IKEA（宜家）的 LED 花灯，呈现花束的形态，星星点点的灯光分外柔美，灯枝采用软质材料，消费者可以根据自己需求进行弯曲造型，与消费者形成良好的互动。这盏灯如果从照明功能的角度看，显然不是最优的选择，消费者消费这件产品，更多的是消费产品的感官享受，满足审美的精神需求。

3．文化价值

消费的文化价值，跳出了产品本身，从产品的文化属性入手，挖掘产品的社会价值。特别是一些时尚产品、奢侈品，除了能满足产品的使用功能与审美需求外，还能进一步体现消费者自身的审美品位与社会地位等。如图 3–5 所示，3 个服装品牌的海报分别展示了不同的时尚风格：淑女屋，顾名思义走的是可爱清新的淑女路线，它的设计大量运用了蕾丝、花边等装饰元素；匡威走运动风格，体现年轻人的青春活力；LEIVES 则崇尚简约、舒适。因此，消费者选择什么品牌的服装，就代表着认同什么品牌的设计理念与风格。消费的文化价值是根植在产品内的商品标签，同时也体现了该消费群的价值观念。

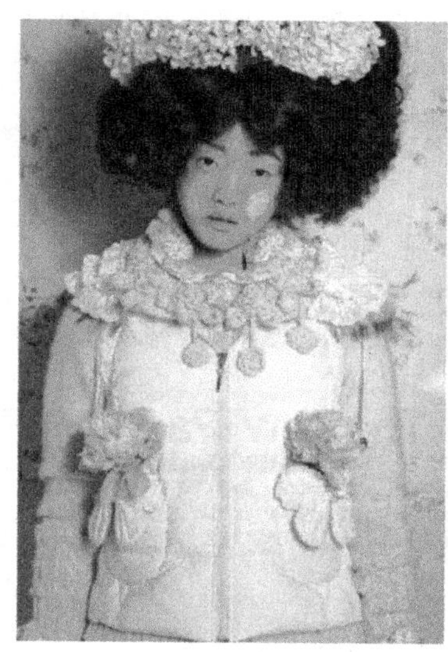

图 3–5　淑女屋、匡威、LEIVES 服装海报

第三节　当代消费市场的产品特点

一、产品的造型分类与定位

在消费市场日益活跃的当代社会，产品的商品体系极大丰富，消费品的品种繁多，数量也在不断增长。在日常生活中人们接触到琳琅满目的产品，为了方便产品的流通，提高人们对产品的辨识，可以根据不同的分类方法，将产品分成若干类。

人们系统地研究事物分门别类的学科，始于分类学。从字面上理解："分"指鉴定、描述和命名；"类"即归类，按一定秩序对事物进行排列。分类学属于系统学的分支，是对对象和现实的精确描述，以及概念及其相互关系的明确定义。

对产品进行造型分类，有助于产品设计概念的捕捉和提取，在同类产品中挖掘出产品的差异化价值，为产品进行准确的市场定位，并综合消费心理等众多消费环节，分析、整合产品的整体概念，对产品的传播、销售、品牌树立有着不可估量的拉动效应。

在具体的实施过程中，如何界定分类的概念范畴，往往体现在分类能力上。分类能力指建立一个知识体系或理论，把各个概念进行分类，形成一个系统结构，这种结构可以是树状的，也可以是网状的，或其他形式的，图 3–6 所示为树状结构系统，具有明显的方向性与上下层级关系，由一个或多个概念作为起始点，层层细分，上级是下级概念的概括和总结，下级是上级概念的细化和补充，对产品造型的演化过程一目了然，便于总结与提炼产品的系列化特征。而网状结构系统则更着重于概念与概念间的相互关系，如图 3–7 所示，由一

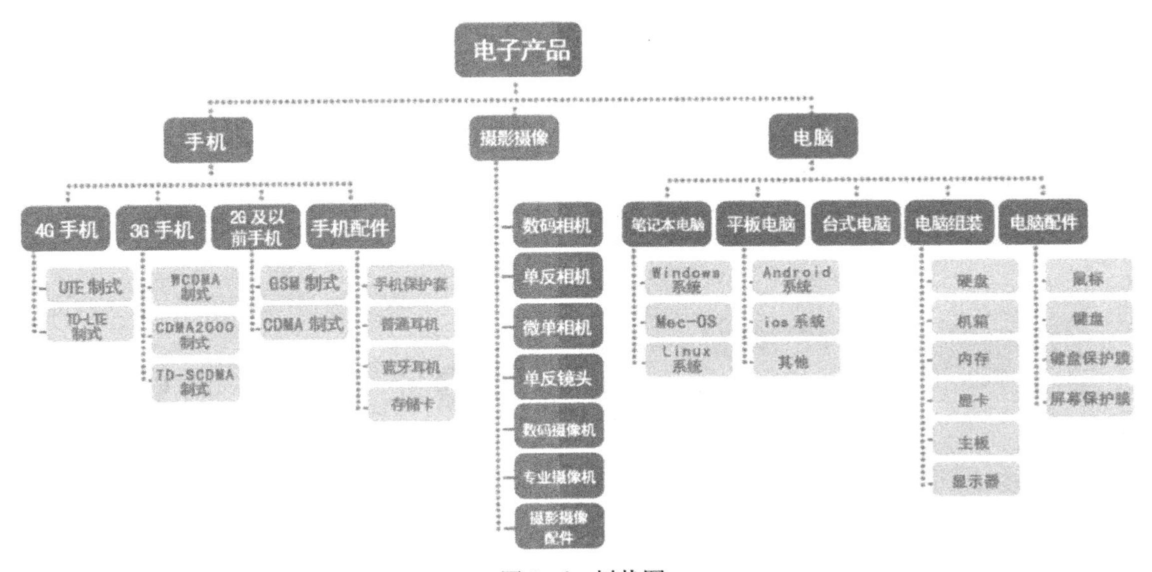

图 3–6　树状图

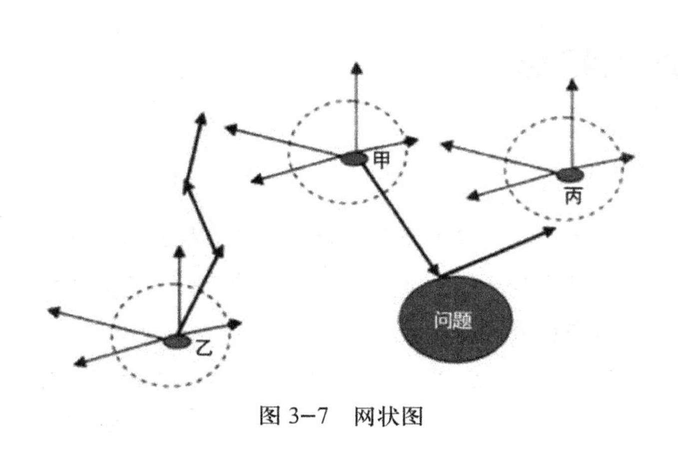

图 3–7　网状图

个概念作为起始点，进行发散，发散的概念与原点不要求具有严格上下级关系，不同的概念点之间可以相互交错，将零散的概念通过网状结构连接起来，这样的分类结构便于梳理产品造型概念的逻辑关系，挖掘具有创意的概念点。

只有把握事物的本质属性，才能对产品的概念进行准确的定位、选择与分类。一般来说，按照分类的对象，可分为实物分类、形象材料分类两大类。对分类能力发展的研究，实际上是掌握概念划分研究的一种方式。

1．实物分类

选取市面上的同类产品实物，根据它的外观造型概念进行分类。如图 3–8 所示，分析宝马系列车型，很容易发现其中的造型共性，比如，肺形的进气格栅和双前灯。这些共性强化了宝马汽车的产品造型，同时也成为宝马产品的固定形态印象，牢牢地根植在消费者的头脑之中。

彩图 19 为飞利浦家用电熨斗各个系列的产品造型分类，从中可以总结出该品牌产品在造型设计中的布局特征：具有共性的曲线布局特征，这种曲线的运用让不同型号的产品之间保持了设计上的延伸性，同时又在细节中体现各系列的不同档次，有利于产品的开发。

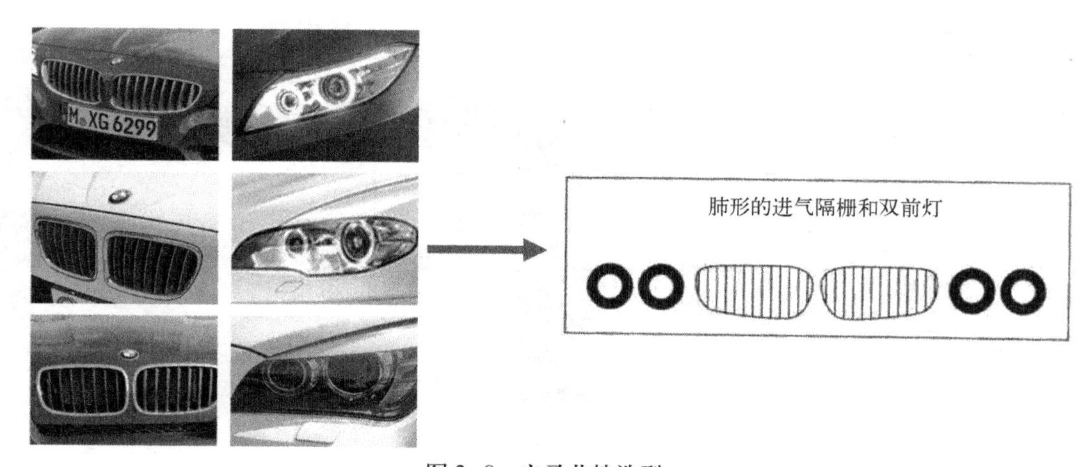

图 3–8　宝马共性造型

上述两个案例，都是建立在具体产品实物基础上进行的造型分类，从产品造型中，分析形态设计的共性，进一步抓住产品的核心造型概念。

2. 形象材料分类

形象材料即产品的造型风格。通过对产品造型风格的解读，选取一系列可视化的风格图像，并从中提取吻合产品造型的设计元素来设计产品形态。中国作为世界上人口最多的国家，手机市场具有巨大的潜力，早期的中国手机设计，就尝试从中国文化入手，运用中国的传统设计元素来进行手机设计。彩图 20 为设计师将自己对中国风格的理解所对应的形象材料提取出来，从图案、颜色、曲线等多个方向进行分类，最终得出了中国风格手机造型设计的概念：颜色鲜艳、频繁运用红色，采用具象传统花纹装饰镶嵌假钻以表现高档、奢华感。

产品造型分类在以比较为基础时，通过分类比较，可以识别出产品之间的共同点与差异点，从而总结出产品的共性与差异性。通常，会将共性特征归为较大的类，将差异性特征归为较小的类，便于产品造型概念的选择与定位。在分类过程中，还应结合联想、类比、推理、引申等综合思维方式，使分类概念更系统化。

二、产品的个性化需求

随着消费要求的提高以及消费者个性化的发展，为了赢得更大的消费市场，企业纷纷转向市场细分，更有针对性地对不同性别、年龄段的人群提供个性化的产品设计服务。设计与需求之间的关系愈发紧密，设计不仅要了解和满足消费者的需求，还要引导与创造新的消费需求。

消费者对创新设计的个性需求，促使大量个性化产品涌现，一些设计师设法将大批量、标准化生产的产品每一件都具有不同的特点。早在 1909 年，工业设计大师贝伦斯为通用电气公司设计的电热水壶，就是以标准化零件为基础进行设计的，如图 3–9 所示，电热水壶的标准部件分为：壶体、壶嘴、提手与底座；材料分为：黄铜、镀镍、镀铜板；壶身的表面处理分为：光滑的、捶打的、波纹的；尺寸分为：大、中、小。通过这些部件的组合，可以灵活地装配出 80 余种水壶。

通过标准件的不同组合进行产品设计，可以大大缩短产品的生产周期，生产的灵活度更高。这种设计发展逐步演变为产品的模块化设计。

图 3–9 贝伦斯设计的电热水壶

模块化设计，即将产品的某些要素组合在一起，构成一个具有特定功能的子系统，将这个子系统作为通用性的模块与其他产品

图 3–10　乐高积木

要素进行多种组合，构成新的系统，产生多种不同功能或相同功能、不同性能的系列产品。产品模块化也是支持消费者进行个性化设计的一种有效方法。图 3–10 所示为乐高积木玩具，其模块一头有凸粒，另一头有可嵌入凸粒的孔，形状有 1 300 多种，每一种形状都有 12 种不同的颜色，以红、黄、蓝、白、黑为主。靠着小朋友自己动脑动手，可以拼插出变化无穷的造型，令人爱不释手。

产品的设计不仅满足于迎合消费者的需求，还要求设计师能灵活运用设计语言来激发消费者的购买欲。近年来，消费者参与产品开发的主动性不断增强，通过自制或定制产品来展示独特个性，在消费产品的同时获得更大的成就感和满足感。于是，DIY 概念逐渐兴起，DIY 原意为 do it yourself，即自己动手做。它为消费者在产品使用过程中提供了更多的自主选择与个性化服务。如图 3–11 所示是衫国演义作为国内第一批经营个性化 T 恤的品牌，秉持“个性、原创、生活、丰富”的 T 恤设计概念，不断向消费者提供个性化 T 恤。

图 3–11　衫国演义个性 T 恤

三、产品的人性关怀

产品是为人服务的，是为了满足人类生活各方面的需要，因此，产品设计必须以人为中心，体现人性关怀。人性化设计的理念在现代工业史上具有重要意义，它完成了从“人要适应机器和产品”到“机器和产品要适应人”的历史转变。

图 3–12　老年人手机

产品的人性关怀既包括对人的生理尺度的关怀，也包括心理尺度的关怀。人的生理尺度关怀包含了生理要素与安全要素，在设计方法与理论体系研究中表现为人机工程学。而心理尺度的关怀则包含了情感要素和社会要素。在针对弱势群体的产品设计中，这一特点表现得最为明显。如残疾人、老年人、婴幼儿等。图 3–12 所示为嘉兰图设计公司设计的两款 Arcci 老人手机，荣获了德国 IF 设计大奖。设计师们从老年人的生活形态和生活态度出发来重新审视手机，力求在设计过程中能够传达更多的人文关怀。因此，在为老人设计手机时不仅要考虑老年人的生理需求，更应该照顾老年人精神层面的追求。这款 Arcci 手机以易用为理念，只保留打电话、发短信等基本功能，并且采用简化的菜单结构，减少用户操作的步骤，用户不看说明书就能很快上手。为弥补老人视力不足等因素，手机面板采用大按键、大字体设计，让老年人看得更清楚，同时还采用视觉、听觉、触觉等多维度交互，通过语音提示老人操作。手机还加入了语音彩信功能，可以轻松录制 30 秒语音短信，这样老年人就不用为短信输入文字而发愁。另外，别出心裁的收音机和手电筒功能，吻合了老年人日常娱乐生活的行为习惯。

产品设计不仅要着眼于设计具体的产品，还要重新审视人与人之间的关系，设计人们的生活方式。科技的发展，产品的更迭，给人们的生活带来了很大的便利，但随之而来的各种社会问题如环境污染、空巢老人等不断涌现，因此，在进行产品设计时应当充分考虑人性化的设计方案，采取适当的表达方式，体现产品的人性关怀。

四、设计训练及作业

1．目的

通过产品市场的调研分析，对产品形态中的“形”进行创意设计。选择市面上的同类产品开展市场调研，对该产品低、中、高用户层次的“形”进行造型分类、对比，然后再设计。培养学生的造型分类能力与对比分析能力。

2．内容及要求

1）市场调研

（1）分组进行，每 5 人一组。根据抽中的选题进行市场调研，在市场上同类产品中选择至少 3 个以上的产品品牌进行市场调研（注：选择的产品形体要具有一定特点，分低、中、高 3 个档次，每类至少 3 款），并分析该档次形态的造型特点、市场定位。

（2）根据产品调研进行品牌再定位。

2）创意设计

（1）独立完成。在小组调研与定位的基础上重新进行设计。

（2）绘制草图方案并将其制作成三维效果图。

（3）展示方案。

五、案例

（1）通过对国内矿泉水瓶型与进口矿泉水瓶型的市场调研，该组同学对矿泉水的外观造型、价格、材料等方面进行分类，分为高、中、低 3 个档次，彩图 21 所示是不同售价的瓶型。售价在 8 元以上的瓶型，划分为高档类，可以发现，高档类瓶型设计富有曲线美，对于审美都有较高的要求。在材料上，大部分采用玻璃等绿色环保材料，塑料材料触感较好、不易变形，色彩配色丰富。售价在 3 ~ 8 元范围内的瓶型划分为中档类，其造型、材料、色彩都较高档类瓶型略逊一筹，其瓶型较为沉稳大方，兼具曲线美与直线美。而售价在 3 元以下的瓶型划分为低档类，其瓶型显得较为普通，受成本影响，在造型、材料、色彩的设计上都不太注重外观美感的塑造。

（2）许建明同学设计的霸王洗发水瓶型如图 3–13 所示，以草本植物发芽的形态为设计原点，曲线设计流畅，造型优美，寓意产品具有生生不息的生命力，同时又贴合霸王这一品牌“中药世家”的品牌形象。

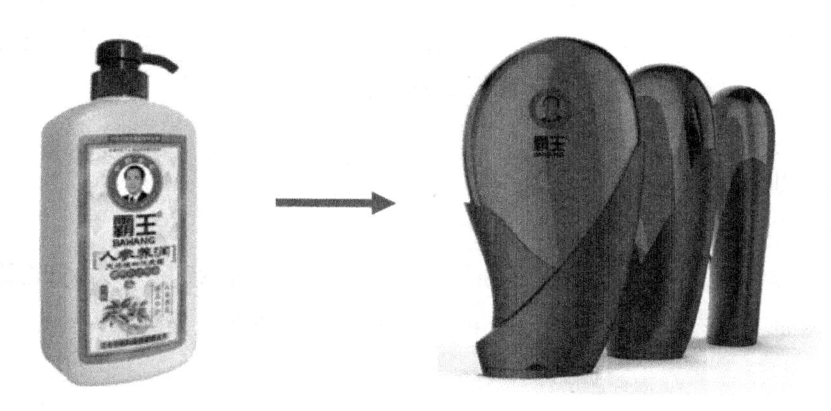

图 3–13　洗发水瓶设计（许建明）

陈嘉卿同学设计的六神沐浴露瓶型如图 3–14 所示，造型来源于蜷缩的叶子形态，嫩绿色的配色清新自然，让使用者从瓶型中感受到浓重的植物气息，进一步加深对“六神”品牌的印象。

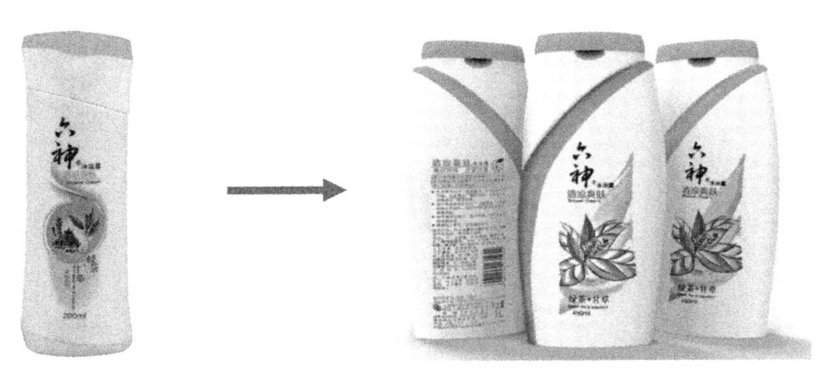

图 3-14 沐浴露瓶设计（陈嘉卿）

李思敏同学设计的索芙特洗面奶瓶型造型创意来自高粱的形态如图 3-15 所示，与该品牌五谷精华配方相结合，其色彩沿用了品牌的原色系橙色，体现了索芙特关爱女性的热情，拉近了与消费者的距离。

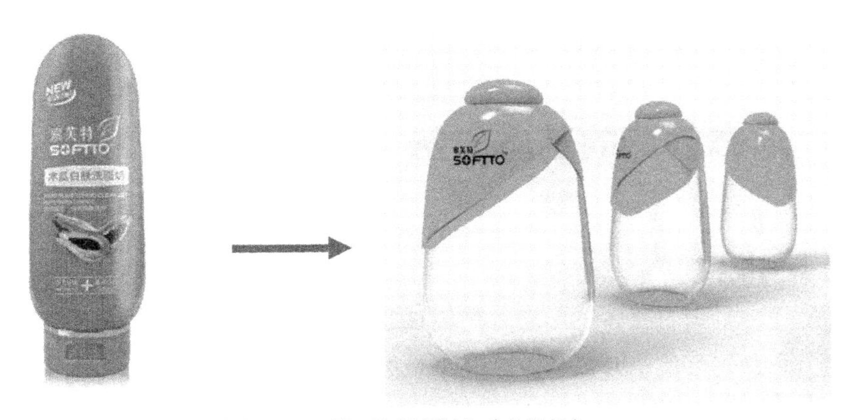

图 3-15 洗面奶瓶设计（李思敏）

第四章

产品形态创新方法

本章主要内容：

- 形态创造的基本方法；
- 产品形态观的塑造；
- 产品形态特征与创造技法。

第一节　形态创造的基本方法

一、分割与重构

分割就是将一个相对整体的形态分割成独立的几个部分；重构则是将几个独立的形态重新组合成一个完整的整体。分割和重构并不是可以互逆的。

通过分割一个整体形态可以产生偶然或刻意的形态，这是形态创造的一个途径。通过分割可以使失去活力的形态重现新的生机，在此基础上再加以变化，从而创造出新的形态。分割是产品形态创造中一种不可忽略的重要创造形式。

绝大部分产品形态的构成均是以抽象的几何形体为基础的，而几何形体是人们从大自然形态中概括提炼出来的，是各种形态中最基本、最单纯的形态。通过对这些形态的分割或重构，更容易创造出新的立体形态，更好地体现分割与重构的效果。对立体形态的分割，分割后的单体形态越单纯变化效果越好。但要避免切割过小，造成分割体数量过多。

通过对简单几何体的分割，重构出一种意想不到的效果，追求形态上的创新。图 4–1 所示是对一个正立方体的分割与重构练习，该练习既可以培养形态创造的能力，同时也可以提高对正负空间的构想能力。图 4–2 所示的沙发设计就是利用分割和重构的设计手法所做的设计。

图 4–1　正方形的分割与重构

二、切割与积聚

在产品设计中，经常要利用一定的材料创造一个形态。一般形态创造的基本方式有两种：切割与积聚。它们与分割和重构的区别主要在于：分割和重构是针对一个特定的整体进行的，在整个过程中没有量的增加和减少，仅仅是形态发生了改变；而切割与积聚则没有原始的量的限定，形态创造过程中伴随着量的减少或增加。

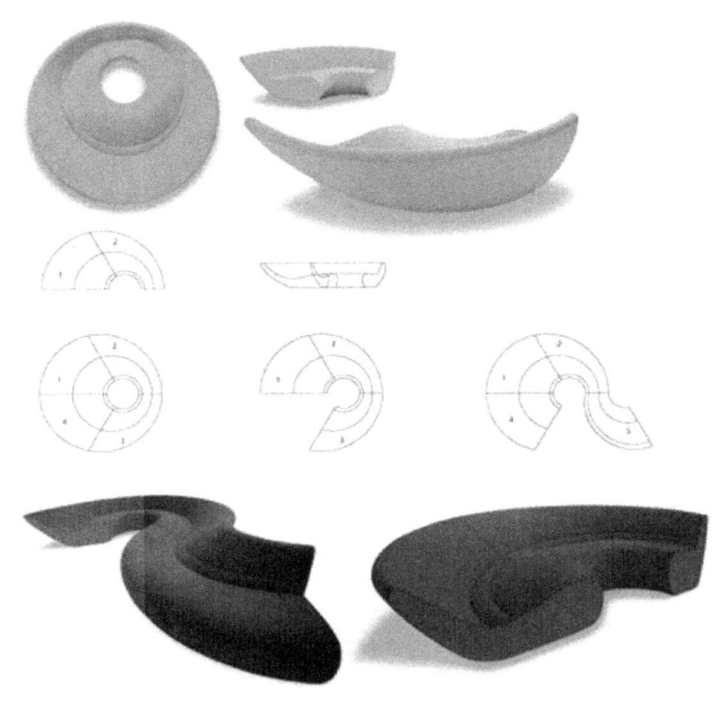

图 4–2　沙发设计

无论何种形态，它们的构成基本上按照分割和积聚这两个基本规律进行的。分割在形态表现上可以认为是“失去”或者“分离”，在体量上表现为“减少”。“积聚”在形态上可以认为是“组合”或“合成”，在体量上则表现为“增加”。如雕塑家在创作木雕的过程中，就是将一块完整的木材进行雕琢或切削，将不需要的部分去掉，形成一个具有一定形态的艺术作品（如图 4–3 所示）。与木雕的“减法”创作方式不同，泥

图 4–3　木雕作品

雕的创作过程主要以“加法”为主，雕塑家通过对一块块材料的堆积，形成具有一定形态的艺术作品（如图 4–4 所示）。

图 4–4　马若特泥雕作品

产品的形态也可以采用如下两种方法产生：一些产品形态的形成是对某一特定基本形的“切割”为主而产生的，如图 4–5 所示的水壶设计；而另一些则以“积聚”为主，如图 4–6 所示的音箱设计。当然更多的则是这两种方法综合运用的结果。可以针对一个特定的基本形，通过“切割”和“积聚”的设计方法，进行产品感的训练，这样对切割和积聚的设计方法会有更深的体会和理解。

图 4–5　水壶的设计

图 4–6　音箱的设计

三、形态仿生

1960 年 9 月仿生学正式成为一门独立的学科。第一次仿生学会议在美国俄亥俄州的空军基地召开，它把仿生学定义为“模仿生物原理来建造技术系统，或者使人造技术系统有类似于生物特征的科学”。20 世纪 80 年代仿生学应用于设计领域，1988 年在德国举行的首届国际仿生设计研讨会称得上是仿生设计全面兴起的标志，会议以生命与形态，功能与形态的思考等内容为主题展开了全面的讨论。形态仿生设计经历了一个由繁到简，由具象到抽象，由人们对自然形态的精神崇拜到对生物形态的科学分析与运用的历史演变过程。

工业化大生产时期，人们将仿生形态广泛运用于工业产品设计。这种设计方法称之为产品形态仿生设计，它是运用模仿、变形、抽象等手法，对自然界生物形态的形态结构特征进行提炼和概括，应用于产品形态设计中，赋予产品形态以生物形态所具有的某些特征属性，从而达到造型目的的设计手法。如今，仿生形态已成为产品形态设计中一种重要的设计方法。

1．产品形态仿生设计分类

从形态再现生物形态的逼真程度可将产品形态仿生设计分为具象形态仿生设计和抽象形态仿生设计，根据形态仿生目的的不同将产品形态仿生设计分为如下几类：

1）仿生物意象的设计

仿生物意象的设计是指设计师用高度概括的手法将生物的神态特征提炼出来，转化成造型要素用于产品形态设计当中。意象仿生主要侧重于对形态美感和神韵特征的抽象和提炼，把人们熟知的一些事物的视觉美感和象征意义投射到产品形态中，让用户得到精神的享受和情感的满足。例如，在设计女性产品时，为了使其更具有女性意味与特征，可以选择有近似意象特征的生物如花草、蝴蝶等进行仿生设计，强化产品的女性化特征，如图 4–7 所示。

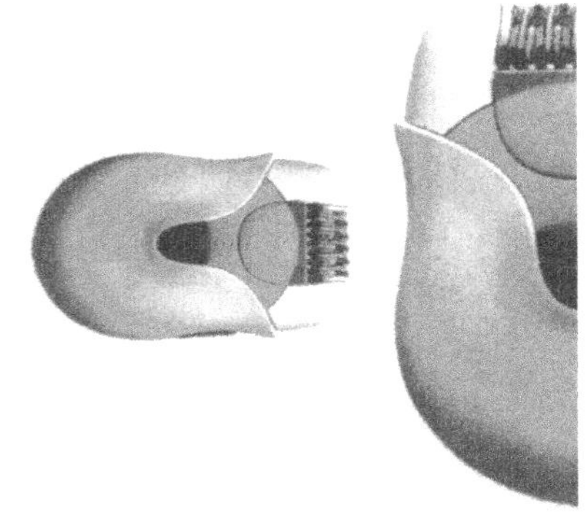

图 4–7　女性剃须刀，表现花与性别概念

2）仿生物形态的设计

很多时候进行形态仿生设计都是为了从大自然中找到一种优美合理的自然形态来进行模仿，大自然中精心雕琢的无穷无尽的形态是设计师的灵感来源，无数设计大师从中获取了优秀作品设计的灵感。仿生物形态的设计包括了仿生物的外观形式、表面肌理、结构、功能，以及色彩等诸多组成生物形态的要素。如图 4–8 所示，它是仿鱼骨形态的建筑

图 4–8　里昂萨托拉达火车站

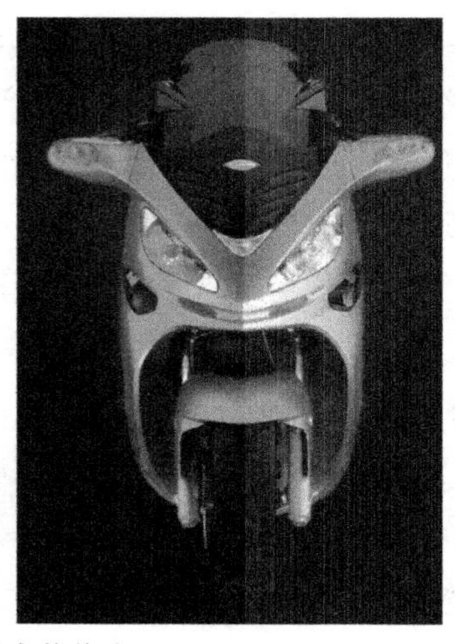

图 4–9　形意结合的仿生

设计。

3）形意结合的仿生设计

这种类型的仿生是将生物的形态和意象都作为仿生对象进行考虑，在模仿生物形态的同时注重对其神韵的表达，让产品形态与意象达到高度统一，以形传神。形的仿生和意的仿生之间并没有严格的区分，主要是强调它们在模仿中的侧重点不同，而不是将形态和意象截然分开，因为意的仿生必然通过形的模仿来实现，而形的仿生也必然伴随着相关意的传达，两者不可分割，如图 4–9 所示。

2．产品形态仿生设计的过程分析

在产品形态仿生设计的基本程序中，大多数设计师们的思路是根据产品形态设计的具体要求去寻找相应的生物形态来完成设计。不同的设计师有着各自不同的思维方式和处理手法，因此所使用的设计程序肯定存在差别。根据一般产品设计程序，可得出产品形态仿生设计的一般步骤如下：

1）生物形态（模仿对象）的选择

根据设计准备阶段得到的相关资料，比如产品的设计定位、使用方式、使用环境、功能、结构、材料等方面的分析结果，从自然生物中选择基本符合该产品设计要求的生物形态。模仿对象可以是某种生物形态、某类生物形态，或一类生物的某种共同形态特征。

2）生物形态主要特征的分析和简化

在生物形态选定以后，应该从生物形态的功能、结构、肌理、色彩等各个方面对生物形态作全面分析。在此基础上，根据产品的设计要求，提炼出最本质的生物形态特征。

在对生物形态主要结构特征进行提炼后，由于生物形态主要结构特征还没有完全摆脱其自然形象，无法直接应用于产品形态设计中，因此必须结合产品结构特点和设计要求，运用相应的手法对生物形态的主要特征进行进一步的简化抽象处理，使其符合产品形态设计的要求。

3）生物形态简化样式的设计应用

在得到具有一定抽象程度的生物形态简化样式之后，将它们应用到产品形态设计中，最终实现产品的形态仿生设计。

从以上仿生设计过程分析可以发现，生物形态特征转变为产品形态特征经历了一个形态特征的选择、分析和简化再到应用的复杂过程。在这个过程中，对生物形态主要结构特征的提取与简化是比较关键的步骤，这一步骤不仅要考虑生物形态自身特点，还要顾及产品的设计要求，它的成败直接关系到形态仿生的准确性和有效性，主要在第二步中完成，如图 4–10 所示。

生物形态的选择

↓

生物形态的主要特征分析和简化

↓

生物形态简化样式的设计应用

↓

产品形态仿生设计评价

图 4–10　产品形态仿生设计步骤

如图 4–11 所示，笔者要求同学们做一个水龙头的设计，该同学经过分析水龙头这种产品的设计定位、使用方式、使用环境、功能等选择了乌龟作为该仿生设计的模仿对象，该对象的选择符合水龙头设计的要求。然后对仿生对象乌龟的主要特征进行分析，主要提取了乌龟的龟壳作为最本质的生物形态特征。最后对该特征进行简化和抽象，并且应用到水龙头的设计中来。

图 4–11　仿生水龙头的设计（关俊杰）

四、虚拟设计训练

1．目的

培养学生对形态的认识能力；培养学生对自然形态的基本特征的提炼和抽象以及应用的能力；培养学生草图绘制技巧。

2. 内容及要求

内容：任选以下三组图片中的一组，根据每组图片中的生物形态，用仿生的手法设计出相应的仿生物产品形态，如图 4–12 所示。

要求：以草图的形式表达，课堂内 30 分钟完成。

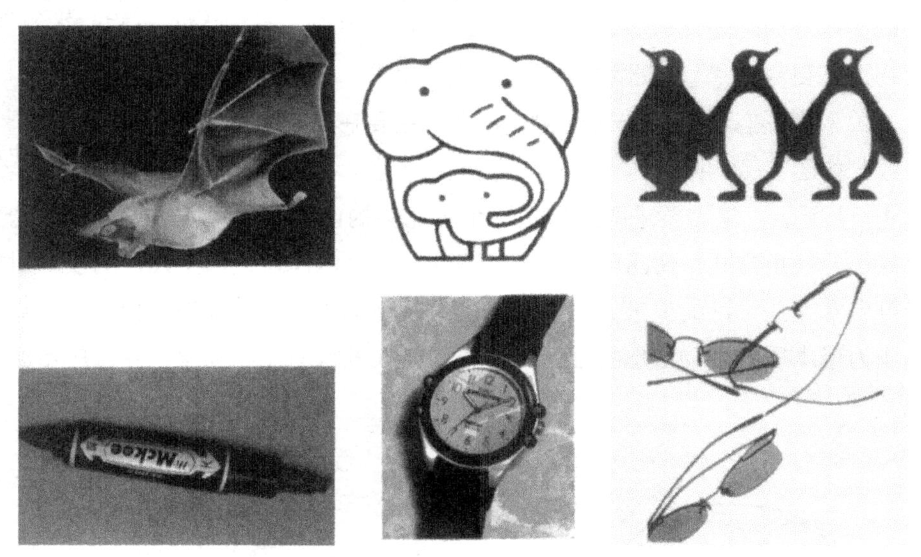

图 4–12　仿生练习图片（于帆、陈嬿）

3. 作业评价与交流

第一部分：作业展示与交流，根据作业完成情况，教师指定 2 ~ 3 个完成效果较好的同学进行草图展示和讲解。

第二部分：教师针对学生课堂练习进行评价。

4. 案例

(1) 仿蝙蝠形态的美工笔设计。设计者首先提炼出了蝙蝠最主要的生物特征，并进行了草图的再现和描绘，从蝙蝠柔软的肚子和展开的翅膀中得到灵感，提炼和抽象出蝙蝠这种生物的主要特征，且很好地应用在美工笔的形态设计上，整体形态简洁大方，富有创意。草图笔触流畅，产品结构清晰，如图 4–13 所示。

(2) 仿大象形态的手表设计。设计者首先提炼出了大象的主要生物特征，并进行了草图的再现和描绘。从大象柔软的长鼻子上得到灵感，并进行了提炼和抽象之后很好地应用在手表的形态设计上，整体形态简洁大方，富有创意。草图笔触流畅，产品结构清晰，如图 4–14 所示。

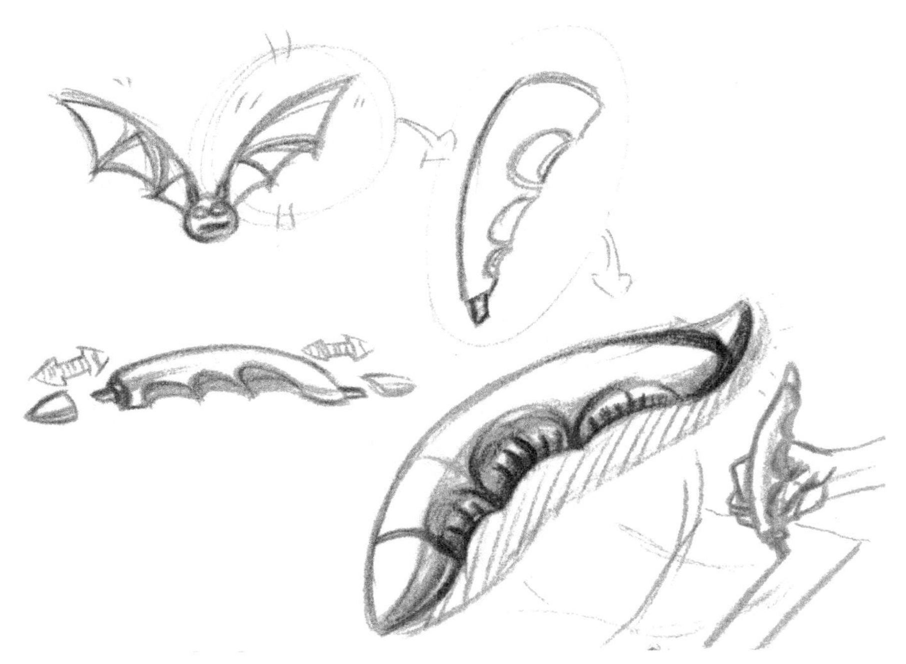

图 4−13　学生作品（苏逸衡）

图 4−14　学生作品（苏逸衡）

（3）仿企鹅形态的眼镜设计。设计者从几个企鹅手牵手的整体形态上得到灵感，提炼和抽象出企鹅这种生物的主要特征，并结合眼镜这种产品的形态特点，将企鹅形态很好地应用在眼镜的形态设计上，整体形态简洁大方，富有创意。草图笔触流畅，产品结构清晰，如图4–15所示。

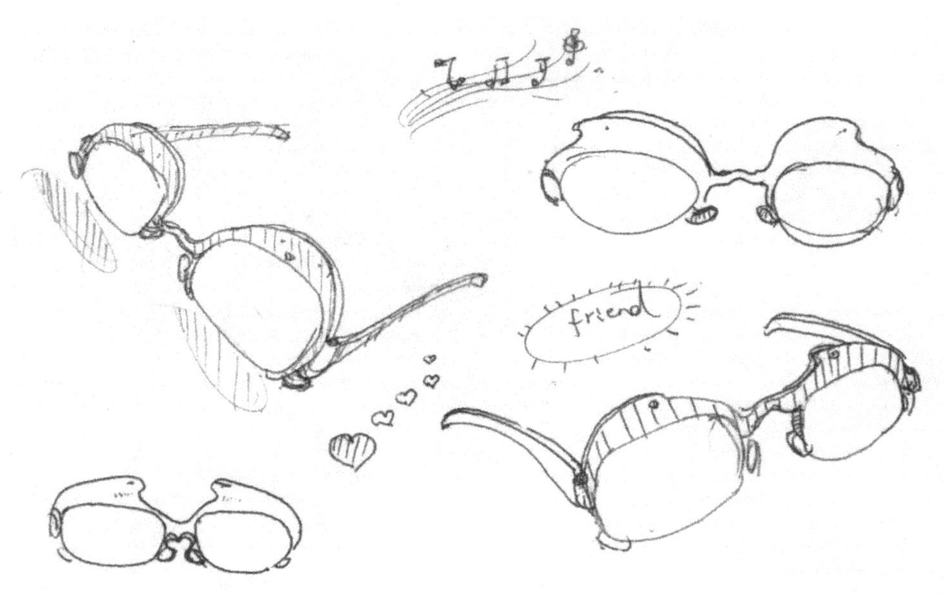

图 4–15 学生作品（沈岸青）

第二节 产品形态观的塑造

爱因斯坦曾经说过，我们的观念决定我们所看到的世界。设计师的形态观直接影响到设计师能否成功地塑造一个合理并富有生命力的产品外观形态。在产品设计中，设计师的形态观与产品外观风格有着紧密的联系。因此，风格相一致的产品就会在相同的形态观指导下产生。

一、形态追随功能

形态追随功能（form follows function）是工业革命时期所产生的形态观，这个观点首先是雕塑家霍拉肖·格里诺（Hotratio Greenough，美国）在1843年写的一篇文章中提到的，后经过美国建筑师路易斯·沙里文（Louis H Sullivan，1856 ~ 1924）的大力推广和鼓吹，成为了20世纪设计师的金科玉律，工业设计所遵循的最基本的设计原理。在这个观念的引导下，产生了许多功能形式完美统一的优良设计。

二、形态追随市场

20 世纪 30 年代，形态追随市场的形态观开始出现，它是以商业主义为本质的形态观。与形态追随功能的形态观不同，形态追随市场的形态观一出现就带有浓厚的商业性设计色彩，要求设计师在设计中强调市场第一，功能第二，形态围绕市场的需求而变化，因此设计师要时刻关注时尚潮流，不断更新产品的外观。对企业来说，最重要的不是产品能否让人们的生活变得更美好，设计唯一的目标就是为了使经济效益最大化，促进商品销售。设计师应当引导市场而不是迎合市场，设计的产品既要符合市场的需求，又要避免材料的浪费以及制造成本的提高。20 世纪三、四十年代的流线型风格是形态追随市场的典型案例，流线型风格遍及当时美国的工业产品设计的各个方面，从飞机到汽车，从电冰箱到订书机，可以说流线型风格无所不在。虽然流线型开始被采用是为了提高交通工具的速度，主要考虑到空气动力学的原因，但是很快成为一种时髦的风格，很多采用流线型式样的产品其实并不需要流线型的功能，例如面包烤箱、电冰箱等。其中一个非常典型的例子是奥罗 · 赫勒（美国）1936 年设计的赫赤基斯牌（Hotchkiss Staple）流线型订书机，这是一个完全形式主义的设计，对于它的功能并没有特殊意义，它的造型代表的是流行风格和时代感，如图 4–16 所示。

图 4–16 流线型订书机

形态追随市场设计观的核心是有计划的商品废止制。从工业设计的角度来看，产品的有计划的废止制度是一种设计方法或设计手段。这种方法就是通过更新产品的外观形态，有目的、有计划地使产品在较短时间内过时，从而达到刺激消费的目的。产品的有计划的废止制度在实际的产品设计中应用很广，后期又演变为三种形式如图 4–17 所示。

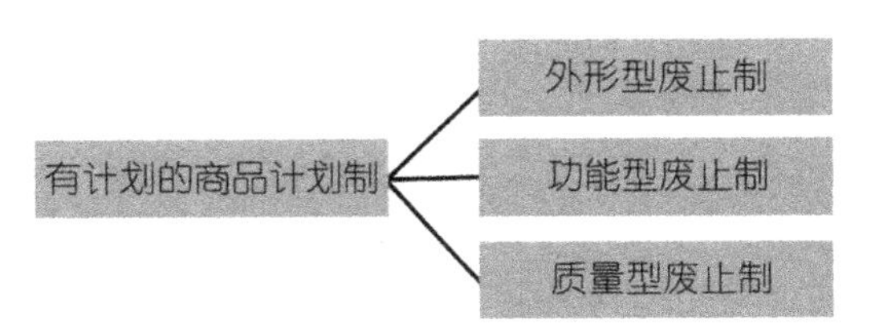

图 4–17 有计划的商品废止制

（1）外观型废止制。即不断的设计新的产品外观从而淘汰旧的款型来吸引消费者，这种方法在手机和汽车设计中随处可见。

（2）功能型废止制。即不断完善旧的功能或增加新的功能，使先前的产品“老化”。

（3）质量废止制。就是预先设定产品的材料或使用寿命周期，过期后即使修理也很难恢复或修理成本很高，从而使产品不能再使用，汽车常用此方法来刺激消费者购买新的产品或更换零部件。

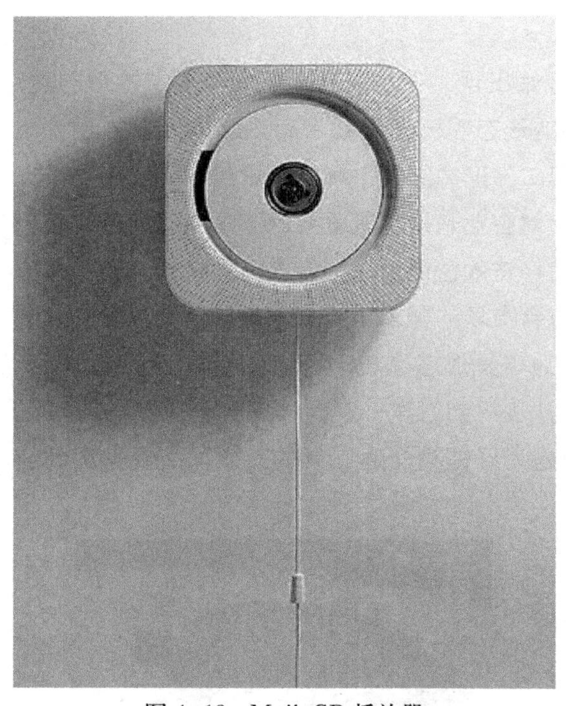

图 4-18　Muji CD 播放器

三、形态追随行为

在二战期间，由于设计师在设计美国战斗机机座仓时，没有从驾驶员生理尺寸角度进行考虑，造成多起意外飞行事故的发生。通过分析研究，人们逐步认识到，人的行为因素是设计中不容忽略的一个重要条件，设计师应该从人适应机器的设计观念转化为机器如何适应人的形态设计观念。另外，20 世纪 60 年代后产生了大量的微电子产品，传统的功能主义的设计思想已经无法解决这些产品形态造型问题，因为电子产品的功能不能通过它们的外形表达出来，因此形态追随功能的设计思想对这些产品失去了意义。因此，形态追随行为的形态设计观应运而生，它从人的生理及心理层面来研究人的行为和习惯对人造物形态的影响，以及这些形态又如何与使用者发生关联。图 4-18 所示为深泽直人（Naoto Fukasawa）设计的无印良品的 CD 播放器，它原本的创意来自换气扇，设计师在选择拉绳开关的时候想要尽量模仿换气扇的开启模式，即在刚拉动开关的时候产生几秒钟的延时，让 CD 碟片慢慢地开始旋转，就像风从扇叶由慢到快渐渐涌出一样，音乐随着 CD 碟片由慢到快渐渐流淌出来。尽管之前并没有见过类似开启形式的 CD 播放器，但是一看到这个产品，就会下意识地知道该怎样去开启，可以说这个设计是形态追随行为的典范。

20 世纪 80 年代，美国爱荷华大学艺术史学院华裔教授胡宏述先生最先提出形随行的形态观（form follows action），行包括两个方面：第一种行，是指个人的行为动作、操作使用方式和行为习惯，研究人们四肢的行动，特别是手指的运作或操作，例如按、扣、转、拨、扭、弹、指、抓、提、压、拔、推、拉、擦、画、刷、握、手腕的转动极限、手的能握度等，这些在日常生活中都是经常需要的行为动作。第二种行是视觉功能上的，例如箭头代表指示行动的方向，叉形符号表示不允许前进，而在圆圈中一条斜叉线，则已成为国际上通用的不允许、禁止的标号。有时也在某一简图前面画上斜线代表它是被禁止的目标或对象，像禁止抽烟、禁止拍照等。在公路上划分的分界线，也有形随行的含义，实线表示不可越线，虚线可以越线。

四、形态追随产品语义

产品语义学是从符号学、产品符号学逐渐发展而来。早在古希腊时期，在西方就出现了有关符号的思想。符号是负载和传递信息的中介，也是人们认识事物、看待事物、创造事物的一种简化手段。20 世纪 60 年代，符号学就已经在西方国家得到很快的发展，并迅速波及各个科学领域。

1983 年，美国的克里彭多夫（K・Krippendorf）、德国的朗诺何夫妇（R.Butter）明确提出了产品符号学。他们从传统的由机器功能出发来进行的人机界面设计中跳脱出来，提出了关心设计对象的使用情境的新定义。产品符号学关心设计对象的含义与象征符号以及它的使用需求、使用心理与使用的社会、文化环境。这就意味着设计活动不再是单一的机械功能的指导，而是寻求符合使用者规范的产品符号设计。

把符号学运用在产品设计中而形成整套的语义体系形成了产品语义学。之所以叫语义，是从语言中演变过来的，它能更直观的告诉我们产品本身的“发言权”，在视觉的交流中，人们可以通过表情和眼神与产品进行直接的“交流”，产品自身的功能符号能进一步促进人们对产品使用方式的理解，这些符号语言不仅要表达“这是什么、能做什么”，反映产品属性特征的信息，而且还要让使用者明白“怎么做、如何做”的意图。产品语义学不是用来使产品性能最佳化，而是使产品和机械适应人的视觉理解和操作过程。

在产品造型设计中，产品语义被抽象提炼成视觉形态，扩大了信息传达的渠道。产品的语义表达是综合产品的形态、色彩、肌理等视觉要素来传达和激发使用者与自身以往的生活经验或行为，从而使他们体会相关联的某种联想，并以此引导其使用行为。如图 4–19 所示，DRINK SELECTOR 马克杯，通过文字与金属圆环的结合，只要轻轻转动杯子的圆环，镂空出杯身上隐藏的文字，使用者就可以明确提供它的饮用信息。这种直观的产品语义表达方式不仅能让设计师直观地告诉使用者它的设计是干什么用的，同时，还向使用者提供了一个信息的反馈渠道，把接收的信息又直观简洁的传达出去。形成了一个“设计师—使用者—众多使用者”的人机模型。有的时候，不同事物间的语义表达还可以通过产品形态进行交换，彩图 22 是设计师以一种东方的传统食物“豆腐”的形态创造出来的杯组，平常不用时将茶杯倒置在托盘上，仿佛就是一盘“豆腐”，使用时只要将“豆腐”反转过来就成为一组造型极简、线条精练的现代茶杯。豆腐和茶杯本身并没有什么直接或间接的联系，设计师通过设计语言，将原本属于 A 物体的产品语义，通过设计师的转化与变形，成为 B 物体的产品造型，两者之间相互联系，又相互区别。了解产品语义，目的在于更好地对产品形态的塑造进行合理有效的引导，让产品能更准确地向消费者“传情达意”。

图 4–19　DRINK SELECTOR 马克杯

既然产品语义在产品形态设计上能帮助设计师更好地传达产品的使用信息及其内在的隐喻文化，在设计之初，应当对产品语义的选择和定位进行合理的量化分析，构建产品设计定位的十字坐标图，从而找到产品形态塑造的概念来源。挑选市场中具有代表性的同类产品，对它们的形态进行分类，并排列在十字坐标图对应的区间内。在十字坐标图的顶端，选择两两对应的解读该产品的语义词汇（见彩图 23），它可以是具体的形态概念，如暖色／冷色、简洁／复杂、圆润的／锐利的，也可以是抽象的、感性的概念表述，如成熟的／年轻的、男性化／女性化、沉静的／活跃的（见彩图 24）。

通过产品在十字坐标图上的分布，可以初步观察到现有产品形态设计的语义表达情况，从图中可以看到男性化／成熟的、男性化／年轻的、女性化／年轻的与简洁／暖色、简洁／冷色的语义表达在市场中占有的比重较大，而女性化／成熟的、复杂／暖色、复杂／冷色占有的比重较小。在进行形态设计时，既可以选择大众消费市场的语义表达方式（简洁、年轻的），也可以选择小众的产品语义（复杂、成熟的）作为设计概念的切入点，通过问卷、访谈等方式，验证设计概念的可行性，并在此基础上，进一步拓宽对该语义的解读。如图 4–20 所示，在国际化、简洁、高科技、趣味的语义概念下进行扩展，找出能吻合该语义特征的图像或图形，为后续具体的产品的形的设计做准备。

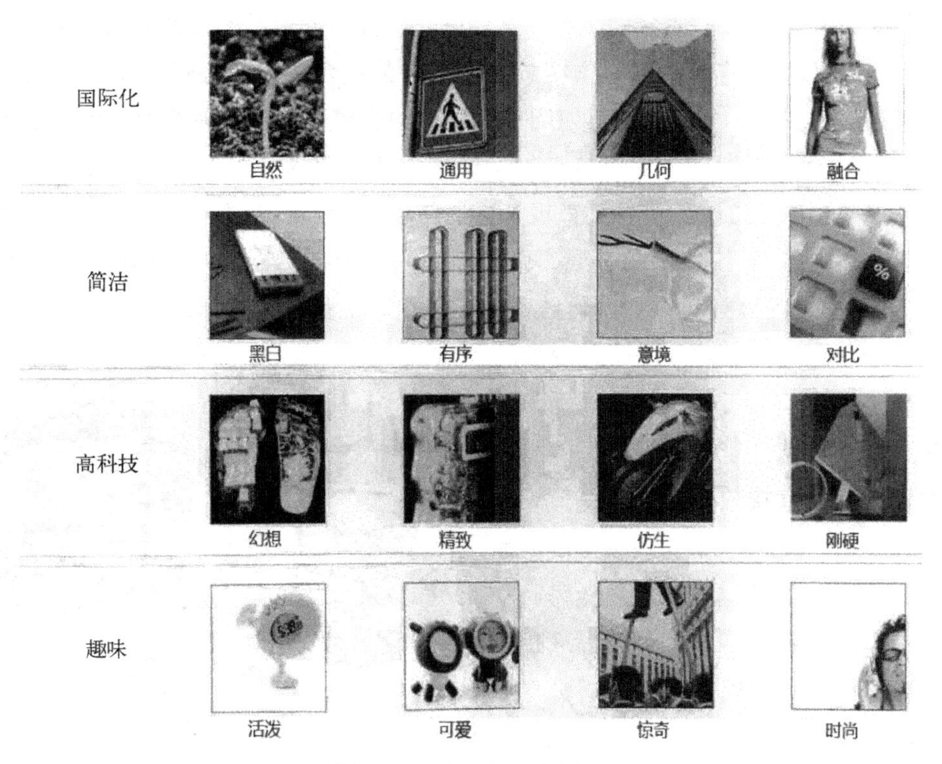

图 4–20　产品语义扩展图

五、形态追随情感

20 世纪中叶，计算机的出现把人们带入到了信息时代，而 20 世纪 90 年代才蓬勃发展起来的国际互联网以人们难以想像的速度彻底改变了我们的生活方式，人们在满足基本衣食住行的物质需求后，更加关注对于精神和情感的需求。与此同时，与时代相伴的数码产品层出不穷地涌现在我们周围，电子元件微型化使这些产品像一个黑匣子，它们的功能不能通过电子器件外形表现出来。人们使用这些产品时，面临的最大问题是无法从产品的外部形式来了解它的内部功能。数码产品的“外形”不能“追随功能”，那应当追随什么？全新的时代给工业设计师们带来挑战，也带来了新的机会。美国著名的青蛙设计公司最先提出形随情感（form follows emotion）的设计理念，它强调用户体验，突出用户精神上的感受。它指出好的设计是建立在深入理解用户需求与动机的基础上，设计者用自己的技能、经验和直觉将用户的这种需求与动机借助产品表达出来，体现一种诸如尊贵、时尚、前卫或另类等情感诉求。例如，各种家用电器的设计，在满足了基本的使用功能之后，对产品的情感功能更加关注，使本来冷冰冰的电子产品能给人更多的温馨和关爱。例如，洗衣机可以不仅仅是一台帮助人洗衣服的机器，还可能给人带来音乐享受；电磁炉不仅仅是一个辅助人烹调美食的工具，还可能给人设计健康的食谱。对于一些技术含量比较简单的产品，形式追随情感将显得更加重要，例如，日用小产品设计中，精神和情感需求在设计中所占比重更大。

然而在这种形态观指导下可能会出现一个极端，就是过分注重人的心理感受而忽略了产品本身最初的使用价值。菲利普・斯塔克（法国）的柠檬榨汁器是一个典型的例子，如图 4–21 所示整洁尖细的身体，修长的臂膀好像一种异国昆虫或外星人的太空飞船。而产品身体上的形态却又清楚地反映了传统柠檬榨汁器上的典型式样。这两种截然不同的形态被糅合在一块，完全出乎人的意料。因此，当你第一次看到它的时候就被它新奇的外观所吸引，然而，传闻设计师斯塔克曾说，我的榨汁器不应该用来压榨柠檬，它应该用来启动谈话。诺曼（美国）在他的情感化设计一书中提到他拥有的榨汁器款式是镀金的，挂在榨汁器上编号的卡片写道“如果榨汁器与任何酸性物体接触，镀金都可能受到破坏”。

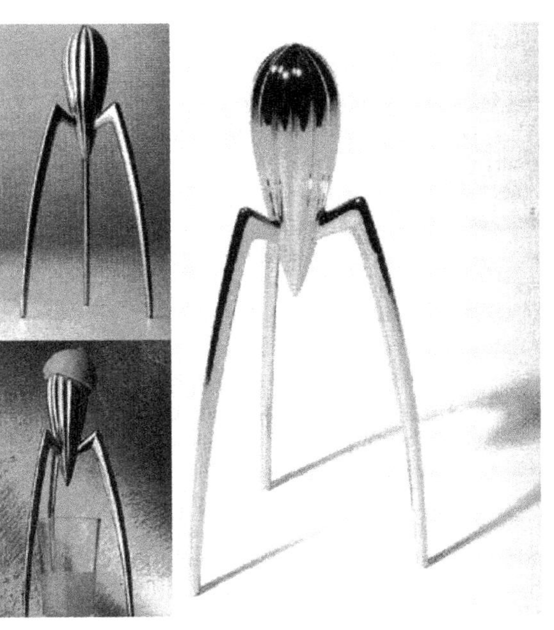

图 4–21　柠檬榨汁机

六、虚拟设计训练

1. 目的

根据本节中对几种形态观的介绍，加深学生对几种不同形态观的理解，并且培养学生利用不同形态观来指导形态设计的能力；培养学生的动手能力。

2. 内容及要求

内容：根据本节中所讲的形态追随行为设计观，利用雕塑泥捏制一组形态，分别表达“按”、“拨”、“旋”的含义，要求形态具有创意，并且能够很好地表达以上 3 种含义。

要求：用雕塑泥捏制表达形态，课堂内 30 分钟完成。

3. 作业评价与交流

(1) 作业展示与交流，根据作业完成情况，教师指定 2 ～ 3 个完成效果较好的同学进行作品展示和讲解。

(2) 教师针对学生课堂练习进行评价

4. 案例

(1) “按”的形态表达。设计者用仿生的手法，提炼和抽象出一个卡通的形态，并且将该卡通形态的肚脐进行夸张处理，一看到这个形态，人们就会下意识地去按卡通形象夸张的肚脐部位。该作品整体形态简洁大方，很好地表达了“按”的含义，如图 4–22 所示。

(2) “旋”的形态表达。设计者用仿生的手法，提炼和抽象出一个类似于树的形态，与普通树干不同的是该形态的主题部分是由两部分旋转而成。一看到这个形态，人们就会下意识的跟随旋转的主体继续旋转上面的叶片部分。该作品整体形态简洁大方，很好地表达了“旋”的含义，如图 4–23 所示。

图 4–22　学生作品

图 4–23　学生作品

第三节　产品形态特征与创造技巧

一、产品稳重的造型方法

增强产品造型稳重感的一个重要方法是使造型物的实际重心下移，以满足稳定的物理条件，在体量关系上应该采取上小下大，使形体底部向上逐渐缩小。另一种方法是使视觉的重心下移。如图 4–24 所示，图中是突出重心与强调稳重感的处理手法。通过一定的形体上的处理，可以让造型整体感觉更为稳重，增强产品的机械感。

（1）底部接触面积大，至少比物体最大截面大。下大上小，形体向上呈上端缩小趋势，显示稳重、向上之势。

（2）腰线增大——形体向左右两侧腰线呈外凸弧线，显示稳重、饱满之情。

（3）增加支撑面——形体的下部支撑面积增大，也使形体整体感觉稳重。

（4）增加横向分割——水平面上的分割，能从视觉上产生宽度方向的扩张感，从而使形体整体感觉稳重。

（5）底部色彩深上部色彩浅，底部为比重大的材料，上部为比重小的材料。

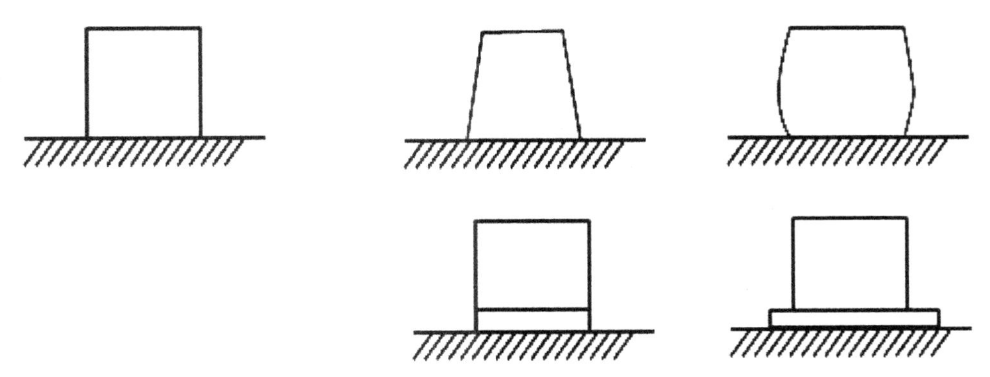

图 4–24　使产品稳重的形态处理方法（谭征宇《数控机床 ICAID 系统中设计知识的研究》）

二、产品轻巧的造型方法

既要使产品具有稳定感，又要显得相对轻巧，一个重要的方法就是相应缩小底部形状。当然，这种缩小底部形状是极有限度的，否则便有可能造成不稳定的感觉。通过一定的形体处理，可以让造型整体感觉更为轻巧，减少产品的笨重感，如图 4–25 所示。

（1）上大下小（收底）——形体向下呈下端缩小趋势，显示轻巧、活泼之感。

（2）收腰——形体向左右两侧腰线呈内凹弧线，显示轻巧、优雅之气。

（3）减小支撑面——形体的下部支撑面积减小，也使形体整体感觉轻巧。

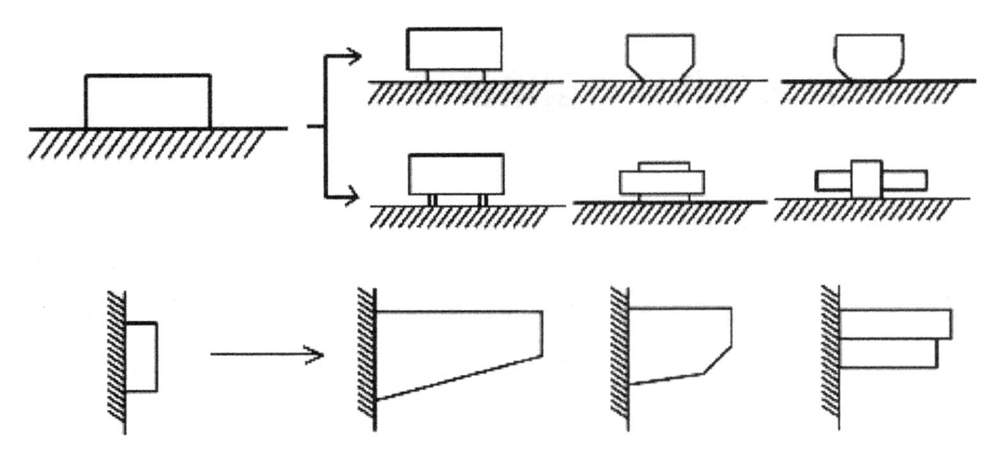

图 4–25　使产品轻巧的形态处理方法（谭征宇《数控机床 ICAID 系统中设计知识的研究》）

(4) 增加横向分割——水平面上的分割，能从视觉上产生宽度方向的扩张感，从而使形体整体感觉稳重。

稳重和轻巧的感觉一直以来都是相对而言的，而且各种处理手法一般都是结合起来使用。如图 4–26 所示的两种不同形态的台灯设计，主要是在腰线处理上不同，导致两个台灯给人的感觉不一样，左边的台灯有很稳重的感觉，相对而言右边的台灯就会感觉轻巧一些。

图 4–26　稳重的台灯和轻巧的台灯

三、产品在视觉上变薄的造型方法

人们所感知的现象如果不反映或不符合外部刺激，就会产生所谓的错觉。贡布里希（英国）认为，眼睛在千变万化的欺骗我们，造成多种多样的错觉。我们的知识往往支配着我们的知觉，从而歪曲了我们所构成的物象。魔术师一直在利用错觉，事实上，魔术师有时可称为错觉制造家。著名的魔术师，如美国哈里·霍迪尼（Harry Houdihi）大师承认，他们所做的就是制造错觉，他们并未做不可能的事情，只是让人感到所做之事似乎不可能。

可以把视错觉分为形象错觉和色彩错觉，其中形象错觉又可分为长度、大小和分割错觉等。如果能够了解和利用这些视错觉规律，那么在产品外观设计中，就能够更好地设计出人们期望的效果。首先了解一下几种常见的视错觉。

1. 长度错觉

由于线段的方向或附加物的影响，便会产生同样长度而感觉长短不等的错觉。例如，1889年首次介绍于众的“马勒—莱尔错觉”，它在视错觉领域是很典型的。图4—27所示，a线段和b线段相等，但由于a线段两端加了两个开口向外的V形箭头，而b线段两端加了两个开口向内的V形箭头，给人的感觉似乎线段b比线段a长一些。

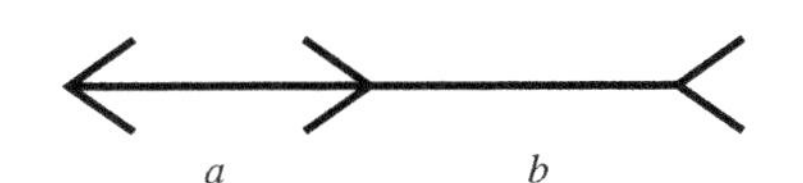

图4—27　线段a和线段b

2. 大小错觉

尽管在许多情况下，人们都有判断物体大小差别的能力，但是这一能力会受多方面因素的影响而产生错误。例如，在图4—28中所有的小圆圈大小相同，但却有一个看起来比其他两个大。右边那个比内圈稍大一点儿的外圈使得内圈看起来比中间单独的圆圈大少许，也比左边那个被较大的圆圈包住的圆圈大。如此说来，对物体大小的判断会因其四周的图形的存在而受到影响。

3. 分割错觉

同一几何形状，同一尺寸的东西，由于采取不同的分割方法，就会使人感到它们的形状和尺寸都发生了不同的变化，这就是分割错觉。图4—29中两对黑点之间的距离完全相等，但是其中划有一条垂线的那一对黑点间的距离就显得小些。分割一次能使空间显得小些，但是多次分割却反倒使空间显得大些。

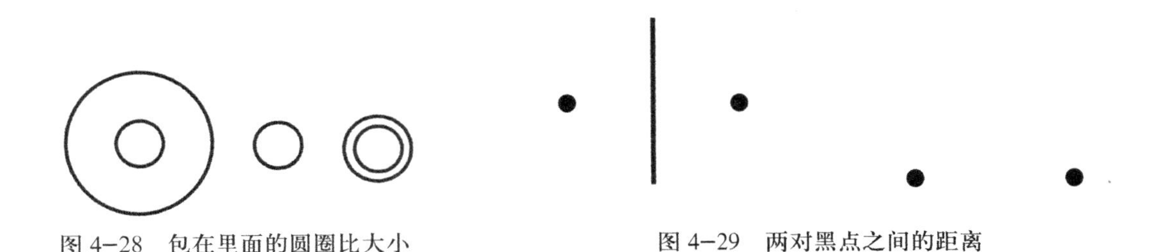
图4—28　包在里面的圆圈比大小　　图4—29　两对黑点之间的距离

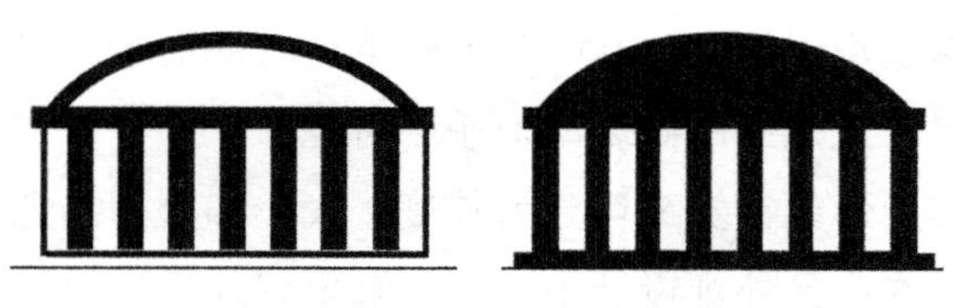
图 4–30　礼堂的门柱粗细体验

4. 色彩错觉

由于人们对各种色彩的明度反映不一致，即使是同等面积大小的黑白色块，由于明度的不一致，人们感觉到的面积大小不一样。图 4–30 中两个建筑物前面的门柱似乎粗细不一。实际上它们的宽度相同。以黑色背景为衬托的白色门柱显得比用黑色画的门柱大。通常白色或浅色区看起来比暗色区要大一些。

在人们经常使用的手机、DVD、MP3 等高科技数码产品中，一般人都认为相对比较薄的产品要高级一些，其实其功能和内部的结构都大致相同。为了达到让产品看起来比较薄、比较高档的感觉，很多产品形态设计就利用了一些视错觉的原理。笔者就市场上的有关产品作了一些分析和总结，比较常用的利用视错觉让产品看起来比较薄的方法大致有以下几种：

（1）增加长度与宽度的比例。图 4–31 中，矩形 A 和矩形 B 实际上是同一厚度，但是矩形 A 的长度要短一些，人们看起来会觉得矩形 A 比矩形 B 要厚一些。曾经有一段时间市场上流行一些中长条形的数码产品，也许这种中长条形的设计有其结构和功能上的需要，但是在另一方面这种设计确实也能让产品在视觉上看起来比较轻巧，如图 4–32 所示。

图 4–31　矩形的厚度体验

图 4–32　手机设计

（2）利用恰当的分割方式。在分割错觉中曾经提到，分割一次使空间显得小，而多次分割却反而使空间显得大些。在图 4–33 中，矩形 A 和矩形 B 厚度一致，但因为矩形 A 被一个深灰色的矩形分割，所以在视觉上觉得矩形 A 比矩形 B 要薄一些。在现实生活中，分割错觉被广泛地应用在各种数码产品设计中，而且分割的形式也千变万化，但是不管其形式怎么变化，都能达到使产品在视觉上变薄的效果，如图 4–34 所示。

（3）通过与周围部件的对比来体现主体的薄。图 4–35 中矩形 A 和矩形 B 中的厚度相同，但是在深色矩形的对比下，矩形 B 的厚度在视觉上感觉要厚一些。对比的手法在生活中随处可见，小贩们将新鲜的葡萄放置于翠绿的榕树叶上，在榕树叶的衬托下，葡萄更加显得晶

图 4-33　矩形厚度体验

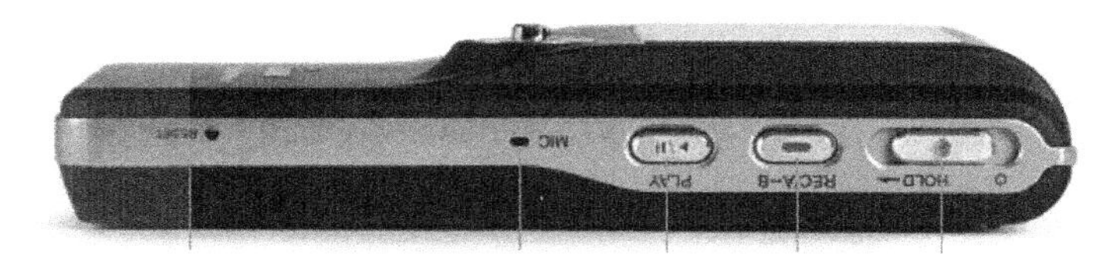

图 4-34　数码产品设计效果

图 4-35　矩形 A 和 B 的厚度体验

图 4-36　半圆球形主机的厚重对比出长方体屏幕的轻巧

莹剔透，吸引许多顾客的目光；摄影师们将柔软的布料放置于粗糙的水泥地上，布料显得更加舒适柔软。在产品设计中，对比手法也随处可见，色彩的对比是经常注意到的，形态上的对比相对而言比较隐秘，经常被人忽略，但是在形态设计中，通过形体之间的对比达到形态设计的要求，也不失为一种好的方法，如图 4-36 所示。

（4）通过合适的倒角处理。图 4-37 中两者厚度相同，但是因为使用了两种不同类型的倒角方式，给人的厚度感觉是不一样的。从图中可以看出来，如果边缘采用圆弧形大圆角过渡会在视觉上增加产品的厚重感，如图 4-38 所示。如果在边缘上增加斜面，棱边清楚些，即我们经常说的直角过渡则会使产品在视觉上相对显薄，如图 4-39 所示。

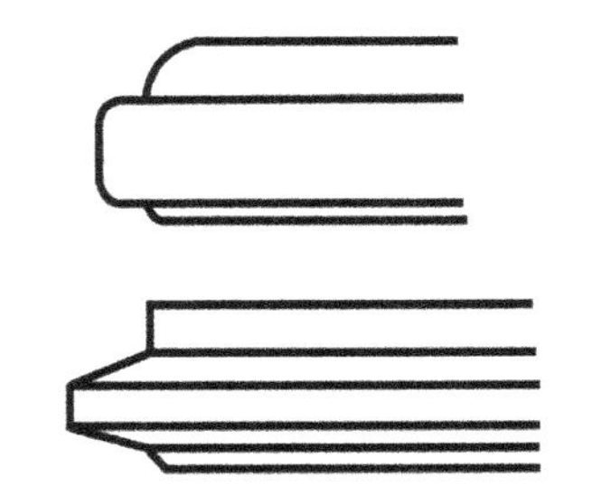

图 4-37　2 个图形的厚度体验（张福昌《视错觉在设计上的应用》）

图 4–38　圆角过渡增加产品的厚重感

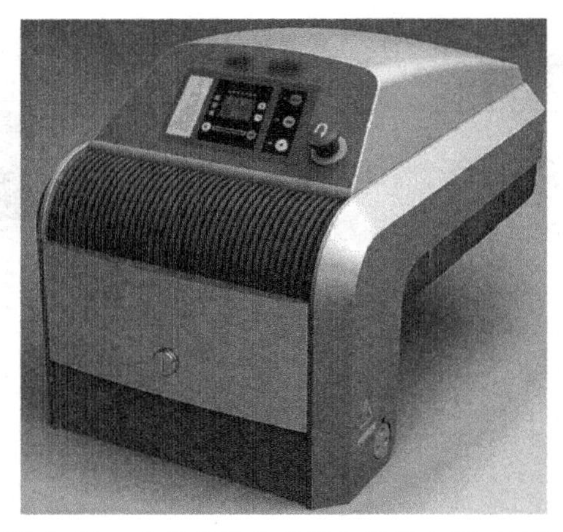

图 4–39　直角过渡使产品在视觉上相对显薄

四、可爱的产品形态与脸形特征

1. 人类对各种脸形具有超强的感知能力

图 4–40　可爱的脸型都有相同的视觉特征

人类对各种脸形的感知能力非常强，是一种与生俱来的能力。据实验研究显示，刚生下来 9 分钟的婴儿追随具有脸部特征的形态，一个月大的婴儿便有能力辨认照顾者的脸部特征，几个月大的婴儿便知道观察大人的表情从而区别外人对他的态度。长大成人以后，脸部辨认能力更加精确，眉毛告诉我们情绪和情感的状况，前额形状告诉我们年龄的概况，鼻子形状提供男性和女性性别线索，嘴唇的形状则增进我们对语言的接受。研究表明，不同的文化地域背景的民族对于可爱的脸形都有相同的偏好，这类脸型头比较大，额头也比较突出，眼睛也较大，如图 4–40 所示，左边的脸形较受偏好，而右边的脸形则不大受到喜好。由于这些偏好的影响，米老鼠和泰迪熊宝宝设计从最初上市以来已经进行非常显著的进化改革，如图 4–41 所示。

图 4–41　泰迪熊宝宝脸部特征的演进

2．脸部特征在现代产品形态设计中的应用分类

目前，脸部特征在产品形态设计中的应用已经受到许多设计师的注意，并应用于各种类型的产品设计中，笔者把这部分的产品设计分为了两种类型，即有具象脸部特征的产品和具有抽象的脸部特征的产品。

1）具有具象脸部特征的产品

这一类型的产品大多数是一些生活中的小产品，通常很少受到技术方面的约束，所以相对而言形式自由度很高，设计师可以在这类型的产品形态设计中尽情地发挥自己的设计专长，将脸部特征应用到这些类型的产品形态设计中几乎没有技术上或功能上的需求，只是设计师设计情感的表达，如图 4–42 所示。

2）具有抽象脸部特征的产品

这一类型的产品形态仿佛是在不经意间展示出脸部特征，似乎设计师们并不是刻意地将脸部形态应用到产品形态设计中，这一部分产品形态中的脸部特征往往也是产品功能部件的一部分，最典型的案例便是汽车的前脸设计。日本消费者曾经因美国设计的一款新车不会微笑而拒绝购买，因此该款车的改型款式在进气口的部分用令消费者感到愉快地向上弯曲的微笑嘴形。同样，人们认为福特 scorpio 汽车的脸部表情像一个人口中刚刚吞下整根香蕉，该款汽车的销量也受到影响，如图 4–43 所示。

图 4–42　具有具象脸部特征的产品设计

图 4–43　福特 scorpio 汽车

3．脸部特征应用在产品形态设计中的作用

人类对脸形特征超强的感知能力是人类视觉感知的一个特殊的规律，设计师们如果能够合理地将脸部特征应用到产品形态设计中，能够增加产品的亲和力和趣味性，且使产品语义传达更有效。

（1）增加产品的亲和力。长期以来人们总是习惯赋予产品的外观造型以物的形态，特别是现代主义风格几何形态的滥用，使得大量的产品呈现出冷漠呆板的表情，因此产品形态就丧失了亲和力。这种没有亲和力的产品无法唤起使用者的使用兴趣，它在人与物的互动过程中是相当被动的，只能在主人需要某一功能时才会被想起，所以在人们的眼中它只是一件工具而已。在现代社会中人们越来越需要感受人与人的沟通，而不是越来越乏味的人与物的沟通。由于人类对脸形特征有着超强的感知能力，如果将脸部特征应用于产品形态设计中，赋予产品人性化的表情，无疑可以大大增加产品的亲和力。如图 4–44 所示的电饭煲形态设计，设计师巧妙地将电饭煲的功能面板部分设计成一个可爱的脸部形态，增加了产品的亲和力，拉近了产品与用户之间的距离。

图 4–44　具有脸形特征的电饭煲设计（林焕德）

（2）增加产品的趣味性。心理学家 Daniel Berlyne（加拿大）由产品的视觉特征为基础，提出了人们对于产品造型的偏好模式，他认为，在一个物品被判定为具有吸引力之前，人们通常会说它很有趣味性。如果该物体具有足够的趣味性，它将会抓住观察者的注意力达到一定时期。在此段时间内，观察者会熟悉物体而觉得它具有吸引力。将人类丰富的表情语言应用到产品形态设计中，能够增加产品的趣味性，使产品更具吸引力，如图 4–45 所示。

图 4–45　韩国的日用品设计

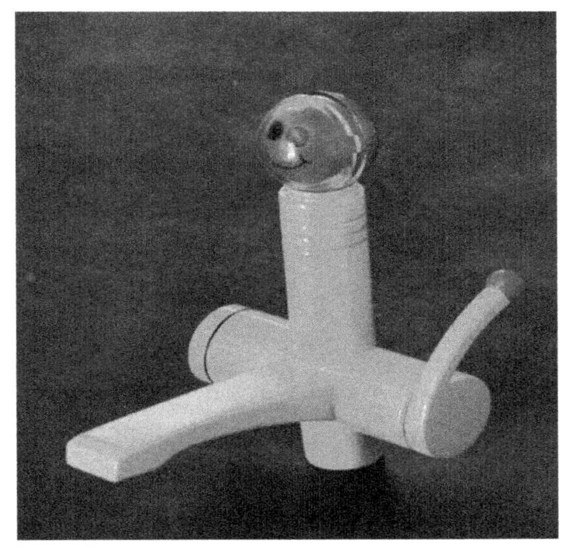
图 4-46　表情水龙头

（3）让产品语义传达更有效。产品语意学认为，设计师根据个人的经验将语意转化成相应的产品形态，而用户则将产品形态转化成语意。用户在购买和使用产品的过程中，设计师们不可能与所有的产品用户进行面对面的说服教育，那么用户是否能够真正理解到设计师们赋予产品的一些信息，例如，产品看起来像什么，它应该有哪些功能，它应该如何操作等。而用户得到的信息的正确与否，直接影响到产品用户的购买行为和产品的销量。对脸部特征具有超强的感知能力是人类共同的特点，所以将脸部特征应用于产品形态设计，用户能够正确理解产品的形式语义，从而能够让产品语义传达更有效。图 4-46 所示的表情水龙头的设计者是湖南大学工业设计系 99 级学生傅倩，水龙头顶部是一张卡通造型的脸，如果你用水适度，水龙头会有愉快的表情；如果用水过量，水龙头马上变成一张愤怒的脸。这种表情水龙头是专为家庭设计的，其特点是通过水龙头顶部的表情方式来表达和引导人们的用水方式。

目前，产品形态设计中脸部特征的应用受到越来越多设计师的青睐，具有脸部特征的产品已经越来越多，期盼有更多更好、真正为使用者考虑的、具有脸部特征的产品设计案例出现。

五、无意识设计的设计方法

如今，我们生活在一个物质极其丰富的时代，生活的周围充满了设计优良的产品，然而人们往往只会购买那些能够满足他们物质需求（包括使用功能、实用功能和社会功能）和精神需求的产品，而不会购买那些仅仅在形式上看起来很美的产品。因此，对于设计师来说，仅仅设计出好看的产品是不够的，设计师必须在设计中注入能够打动用户的设计内涵，基于无意识设计的设计原型便是能够打动人心的设计内涵。

1．解读无意识设计、原型与设计原型

1）无意识设计

深泽直人首次提出了无意识设计的设计理念，他认为设计师不要为了设计而设计，在设计开始之初要积累一些大众的无意识行为，这个是设计的开端，接下来才是进一步思考你所要设计的产品。设计最大的成功在于用户能够无意识地使用你所设计的产品，设计师的主要

工作是将无意识的行动转化为可见之物。最能体现深泽直人先生无意识设计的设计理念的作品之一便是MUJI壁挂式CD播放器（如图4—18所示），尽管之前没有见过类似形式的CD播放器，但是都会下意识地去拉开它。因为它独特的拉绳式样的开关设计，让我们想起小时候总见的拉绳式的电灯开关，一端是悬下来的细细瘦瘦的麻绳，一端连着60 W的电灯，一拉，"啪"的一声，光线洒满一屋。在设计中，无意识行为的概念和心理学中的概念比较接近，是指经过长时间的经验积累形成的一些习惯性行为。它们的最大特征是最初行为产生的时候可能是一种有意识的行为，但是经过很长时间的熟悉和积累之后，这种行为逐渐转变为一些习惯性的动作，即不需要太多思考就可以下意识完成的行为。例如，我们在听音乐时会情不自禁地随着音乐的节奏做出各种动作，比如用手指敲击桌子、用脚点击地面或者点头等，这些都是无意识的行为。

2）原型

深泽直人进一步指出，无意识设计理念的基本思想就是要在人的内心深处寻找原型。究竟什么是原型呢？瑞士心理学家荣格首先提出并且赋予了原型（archetype）的意义和内涵，根据荣格的分析心理学理论，人们的无意识具有两种层面：其一是个体的无意识，其内容主要来源于个体的心理生活与体验；其二是集体的无意识，其中包含着全人类种系发展的心理内容。荣格指出原型是集体无意识的主要组成部分，它具备了所有地方和所有个人皆有的大体相似的内容和行为方式，因此组成了一个超个性的心理基础，并且普遍存在于我们每个人身上。由此可见，在设计中，大众的集体无意识对事物的理解就是原型。例如，在日常生活中，我们能感觉到对于一些事物，所有的人都会产生相同的反应：走过商店的外墙玻璃窗或玻璃门，会把它们当成镜子来用；看到一棵倒掉的大树横着摆放在公园里，就会想要坐上去；提到可爱的东西就会想到毛绒绒、胖嘟嘟的小动物等。

3）设计原型

尽管原型是集体无意识对某种事物的理解，但在实际生活中，大众通常不会或很难详细描绘出他们到底需要什么样的产品，而设计师却可以观察到并将其挖掘出来，放在大众的面前，然后他们才会恍然大悟"这就是我一直想要的产品"。设计师们把原型通过设计这种专业的手段转化成人们可以看得见摸得着的产品形式就是设计原型。正因为设计原型是从原型基础上得来，是集体无意识的产物，所以设计原型是某一类产品或者某一种产品功能最自然、最本质的形式，能让大众非常容易接受，并且引发人们丰富的感受。任何产品设计都有制度化的一面，也有独创性的一面，只是制度化所占的比例和程度有所不同，有的制度化明显、有的隐藏、有的变异。这里的制度化指的是在产品功能形态演绎方面，都存在某些固定的模式。这些固定的模式尽管已经传承了很多年，但是它们并不全是设计原型，比如说目前钳子的固定模式是直把手的形式，但是人机工程学研究表明，弯把手的钳子更适合人手的操作习惯，因此，我们说直把手的钳子形式还不能称之为设计原型，只不过是暂时的固定模式而已。

2．积累设计原型的途径

1）从经典的日常生活用品中提炼设计原型

一位丹麦的大提琴家在总结为什么乐器设计能够维持巅峰几百年时说到："历史是一面筛子"。这句简短而又令人诧异的话适合整个工业设计史。如同自然界的优胜劣汰法则一样，历史在挑选生存能力强的生物的同时，也在挑选一些与设计关系更紧密的适于做更多观察和研究的产品。这些产品通常被精心设计和制造，能够经得起历史和时间的考验，能够满足某些功能需求，在结构、材料工艺和形式上都表现出色。而这些产品中的大多数都属于日常生活用品，它们陪伴了一代又一代人，即使经历了历史中无数设计流派的设计运动，但是却仍然保持了他们原有的形式。正如 Paul Graham 在《创造者的鉴赏力》一文中写到，好的产品是永恒的。它们不会像追随潮流和时尚的产品一样，随着时间变化而变化。它们既能吸引公元前 1500 年的人，也能够吸引现在的人，很可能还能吸引公元 1500 年的人。

然而，许多日常生活用品太熟悉太过平凡而不起眼，以致我们常常把它们视为理所当然而忽略了它们的美和灵巧；忽略了它们在生活中的重要地位；忽略它们对生活的影响。殊不知这些能经受住时间考验的产品，一定是在设计之初经过了周密的考察和思考，一定是某种功能的最佳解决方案。它们已经成为生活中有着类似功能产品的设计原型，具有无限沟通的能力。

图 4–47 所示的水罐，韦奇伍德公司早在 18 世纪中期就在制作类似比较小的水罐，这个产品是功能和形态完美结合的典范，水罐的颈部由容器体优雅地过渡到罐口，这样的形态设计是为了尽可能多的盛装大量的水。壶的把手从容器边缘向上伸展，使用者可在重量变化时做出适应的调整。与水罐有着近似设计理念的还有中国宋朝最常用的"斗笠碗"，如图 4–48 所示，它的碗底边缘有 3 cm 高，手拿着比较方便，且舒服，不会烫到手；碗口边缘有一段微微翻边出来的圆弧形态，这样人们在喝水的时候水不会轻易地溢出来。

图 4–47　水罐

图 4–48　斗笠碗

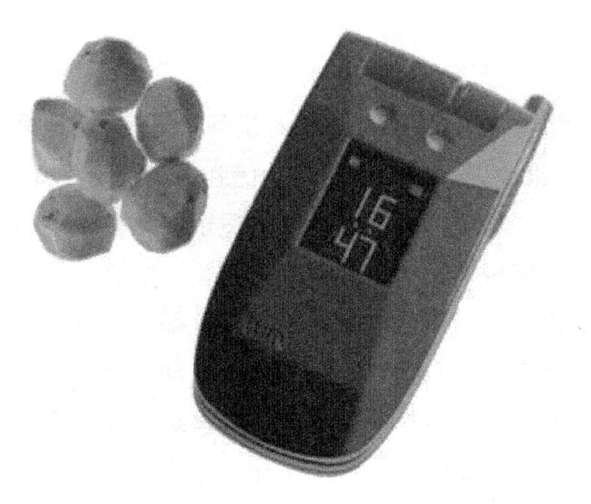

图 4–49　W11K 手机（深泽直人）

2）从无意识行为中得到设计原型

根据荣格对原型的定义，集体无意识行为中隐藏着大量的原型。如何将这些原型提炼出来用于设计，是一部分设计师们一直以来追求的目标。其中最具代表性的设计师便是深泽直人，他以用户无意识行为设计的灵感来源，号召设计师们“要让自己的身上长满触角去感受生活中的细节”；要认真观察人们怎样对待他们所使用的工具；留心收集和分析人们的无意识行为特征。例如，深泽直人曾列举过一个设计案例，在日常生活中，人们经常下意识地在口袋里摸手机，除非有人提醒，否则你自己意识不到自己正在玩手机，这是个典型的无意识行为。因此，他的这款手机设计如图 4–49 所示，故意不做成流线型的外观，而做成了类似削了皮的土豆似的有各种各样棱角的外形，这是为了能让用户下意识地去触摸和把玩手机的棱角。再如，喜欢喝速溶咖啡的朋友都会有这样的体会，咖啡泡好以后经常找不到搅拌棒或者勺子，最后不得不找根铅笔或者别的棍状的东西来替代搅拌棒。设计师注意到了人们的这个无意识的行为，并以此为灵感，设计出了“速溶咖啡棒棒糖”，如图 4–50 所示，获得了德国红点设计概念奖。具有相同设计理念的作品还有 2011 年 IF 概念获奖作品（如图 4–51 所示），两款设计有着异曲同工之妙。

图 4–50　速溶咖啡棒棒糖（陈洁、金元彪、曹汐）

图 4–51　速溶咖啡棒设计
（Maria Rho，Juhyeon Lee，Jinhyuk Rho）

3）把潜在需求转化成设计原型

正如人们有很多无意识的行为，生活中人们也有很多无意识的需求，但是通常情况下用户意识不到，更无法自我表达。发现潜在需求并进行相应的设计对于设计师来说是非常困难的，根本的原因是人们的适应能力很强，他们能够机敏的应对各种不便利的情况，并且也没有意识到自己正在这样做。例如，外出旅行都希望携带少量并且轻便的行李，但是目前的盒装方便面包装体积较大，仅仅 2 盒方便面就占用了行李袋中的很大一部分空间，使用者感觉到不方便，却没有意识到自己需要一个什么样的产品。设计师面临的挑战就在于帮助人们明确表达那些甚至连他们自己都不知道的潜在需求，并且进一步把这些潜在需求转化成设计原型。图 4–52 所示是 2010 年 IF 概念获奖作品之一，该款方便面的包装设计很好地满足了人们的这个潜在需求；对于薯片的包装设计人们也有着类似的潜在需求，目前圆柱形的包装很好地保护了薯片的完整及新鲜，但是一次只有一个人能够拿出薯片享用，如果几个人一起享用就会变得非常不方便。图 4–53 所示的 2011 年 IF 概念获奖作品就是根据这种需求提出的解决方案。以上两款设计在本质上有着很强的相似性，可以说已经形成了一种设计原型，可以用来解决所有有着类似潜在需求的设计问题。

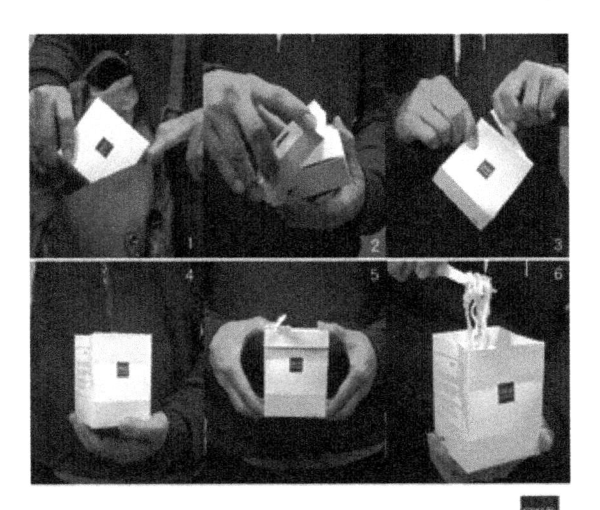

图 4–52　方便面包装设计

图 4–53　薯片包装设计

3. 总结

通过重视积累设计原型，设计师能将一种产品和另外一种产品联系起来，统一和整合产品设计经验，在设计原型的基础上进行创新，达到事半功倍的效果。以上 3 种设计原型的积累方式只是给设计师们提供了 3 个大的方向，具体的操作还需要设计师用心去揣摩，设计原型的积累跟科学的发现一样，是一个循序渐进、不断完善且永无止境的过程，需要几代设计师甚至几十代设计师共同努力。

六、虚拟设计训练

1. 目的

培养学生对脸型基本特征的提炼和抽象能力；培养学生对形态设计中对脸型特征的实际应用能力；培养学生建模和渲染技巧。

2. 内容及要求

根据本章第四节内容，将脸型特征应用到产品形态设计中。业余时间进行，在三周内完成，要求建模渲染，最终以 A4 大小的版面提交。

3. 作业评价与交流

（1）根据作业完成情况，将完成效果较好的同学设计展示和讲解。

（2）针对学生的设计进行评价。

4. 案例

该设计是为那些父母工作比较忙，需要自己做饭的留守儿童所设计的厨房家电产品。针对这类特殊用户，产品形态设计需要表达出可爱的感觉，增加亲和力，拉近和儿童之间的距离，以达到吸引儿童注意的目的，设计者很好地利用了脸型特征这个造型元素，将脸型特征进行抽象，应用在电饭煲和电磁炉的按键部分，达到了增加产品可爱度和拉近亲和力的目的，如图 4–54 所示（或见彩图 25）。

图 4–54　学生作品（钟月清）

第五章
产品形态设计中的创新思维

本章内容提要：

- 创新性设计人才的特点；
- 创新思维与大脑；
- 创造力的培养。

设计是一种追求创意的活动，美国著名的设计思想评论家乔治·尼尔森说："设计不谈创意，还谈什么！"人类的进步、设计的发展都离不开创造性。英国最杰出的设计师之一米沙·布莱克（Misha Black）指出："创造性是设计工作的基础，会激发所有设计师的信仰，是设计师赖以生存的根本。"可见创意在设计活动中扮演着相当重要的角色，有创意的产品设计并不是一定要开发全新的产品，即使仅仅是改良型的产品设计，只要让消费者对该产品有新颖的感觉就说明该设计是创新的。

工业设计的目的是为了创造一个有价值的产品，创新的最终结果也表现在具体的产品上，创新的产品设计能够提高消费者购买的欲望，拉长产品的生命周期，可见产品的创新是不可或缺的。目前，工业设计专业学生在进行设计时，部分没能将所学的知识应用在设计实践上，绝大多数是自己个人意识的反映，而知识、经验的不足也使其创意无法表现出来。其实，每个人都有创造的能力，都有好的创新想法，只是未能将它激发出来而已，如何激发创意并保留创意，一直是设计师们面临的难题。

第一节　创新型设计人才的特点

一、创新型设计人才需要摆脱偏见思维

美国科学家进行的一项实验表明，进入人类视野的东西并不一定全都会被看到，大脑对

于人看到的事物应该是什么样子，可能有一种先入为主的“成见”，即只让我们看到部分事物。所谓偏见就是观念或者看法背离了事物或事件的本来面目，而偏见思维是指人们用自己已有的知识、经验去衡量未知的事物、事件，这样往往造成对事物错误的理解（因为每个人的生活环境和看问题的角度以及知识储备量不一样，所以每个人的见解也各不相同）。正因为偏见思维的存在，在看问题时往往带着自己的偏见和成见，而一旦思维带着枷锁和禁锢，创新的想法就很难产生。因此，创新型设计人才应该尽可能地摆脱偏见思维的影响。

偏见思维表现形式多种多样，比较明显的有以下四种。

1. 经验偏见

有一则故事说：一头驴子背盐渡河，在河边滑了一跤跌倒在水里，驴子站起来时，盐溶化了，它感到身体轻松了许多，驴子非常高兴。后来有一回，它背的是棉花，它以为再跌倒可以同上次一样变得轻松，于是走到河边的时候，故意跌倒在水中。可是这次棉花吸收了水，驴子非但不能再站起来，而且一直往下沉，直到淹死。驴子为何死于非命？很重要的一个原因是它机械地套用了经验，受到了偏见思维的影响，没有对经验进行改造和创新。

经验固然能使我们充满自信，但是如果我们跳不出经验的约束，它可以让一切最大胆的想像都带上个人经验的偏见。见彩图 26、彩图 27 是广州美术学院 2014 届家具设计毕业生的作品，在这些设计中，他们把对“坐”的不同理念做了天马行空的表达。如果说设计师们不能够抛开自己的经验偏见，和普通人一样把坐的设计局限于传统意义上的椅子，那么这些毕业设计作品就不会有如此耳目一新的感觉。“坐”不单单只是通过椅子来实现，当人们抛开经验偏见会惊奇地发现，原来为了满足“坐”这个动作，可以有很多种方式和方法。

2. 利益偏见

所谓利益偏见，是指由于你的利益关系而导致的一种无意识的偏斜。比如大多数父母都认为自己的孩子是最聪明、最漂亮的孩子，大多数的恋人都认为自己找到了世界上最好的人。总之，他们都是从自己的角度得出的判断，所谓“王婆卖瓜，自卖自夸”就是典型的利益偏见。

产品设计过程中，工业设计和结构设计存在着先天的矛盾，工业设计师们希望产品形态设计约束少，可以大胆灵活的创新，随心所欲。如果约束太多，很难设计出富有创造性的优秀作品。结构设计师们则非常理性，他们希望设计能够可靠，装配关系简单，活动机构少。他们认为创新的结构不能太多，太多的话会导致不稳定因素增加，会在产品生产后期出现很多难以预料的问题。如果工业设计师和结构设计师带着利益偏见工作的话，那么势必导致产品设计没有办法顺利进行，他们会因为不能正确理解对方的工作性质而导致合作失败。通常情况下，工业设计师的创新如果导致产品的功能出现问题，那么工业设计一定要做出让步。

但是如果工业设计的创新是合理的，但是这种合理性是建立在需要结构设计付出代价，只要这个代价是可以接受的，通常以满足工业设计创意为主导。当然，优秀的设计师也可以做到兼顾，这跟设计师的能力有很大的关系，成熟的设计师在创意过程中能够兼顾诸多方面的问题，后期出现问题的可能性就小。工业设计和结构设计有着共同的目的，即提供好的设计，基于这个目的，工业设计师和结构设计师必须抛开各种偏见，相互理解，这样才能产生好的产品设计。

3．位置偏见

有一则故事说的是小海浪与大海浪的对话：

小海浪：我常听人说起海，可是海是什么？它在哪里？

大海浪：你周围就是海啊！

小海浪：可是我看不到？

大海浪：海在你里面，也在你外面，你生于海，终归于海，海包围着你，就像你自己的身体。

这则故事讲述的道理和我国北宋著名诗人苏轼写的"不识庐山真面目，只缘身在此山中"如出一辙。捷克剧作家在历经磨难后得出的结论是："为了在白天观察星辰，我们必须下到井底，为了了解真理，我们必须沉降到痛苦的底层。"不同的人即便是同一个人处于不同的年龄阶段、生活在不同的环境中、处于不一样的社会地位上，就会有完全不同的感受和认知，这就是位置偏见。

为了更好地理解用户，我们鼓励设计师们进行角色扮演，所谓角色扮演就是在一定时间内把自己融入用户的生活中去，这样设计师们能够尽可能地抛开位置偏见，关注用户的个性、需求以及愿望，更好地理解用户的感受，设身处地地为用户着想，在此基础上做的设计才是以人为本的设计。例如，为有视觉障碍的人们设计一些有帮助的产品时，设计师们可以用角色扮演的方式，完全抛开位置偏见，短时间内蒙上双眼，体验视觉障碍者的生活状态，从而能更准确地知道视觉障碍者的需求，如图 5–1 所示。

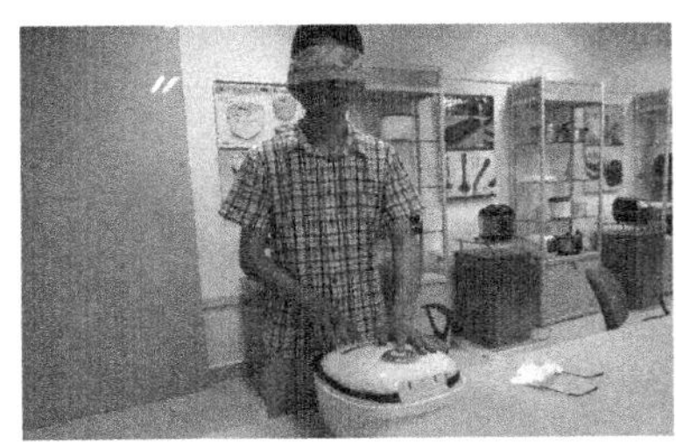

图 5–1　设计师进行角色扮演

4. 文化偏见

一位著名华裔人类学家曾经报道：在一部中国电影中，一对青年夫妇发生了争吵，提着衣箱怒气冲冲地跑出公寓。这时，镜头中出现了住在楼下的婆婆，她出来安慰儿子："你不会孤独的，孩子，有我在这儿呢。"看到这里，美国观众爆发出一阵哄笑，中国观众却很少会因此发笑。这两种截然不同的反应透出的文化差异非常明显。在美国人的观念中，婚姻是两个人的私事，其间的性关系是任何别的感情无法替代的。而中国观众却能恰当地理解母亲所说的含义。可见不同文化背景的人们对事物的看法必然是不一样的。

图 5-2 海尔法式对开门冰箱

由于饮食文化的不同，各国的冰箱内部设计都有所不同。2007 年，海尔最初针对美国用户设计的法式对开门冰箱，就是在美国用户的饮食文化基础上设计出来的，它拥有超大的横向空间，能存放长达 70 cm 的椭圆形大比萨或法式长棍面包。考虑到西方人经常用到冰块，该冰箱具有快速制冰空间，全智能操作，无需手动，系统接收命令后，自动将储水盒注满，冰块自动形成并落入储水盒储存，24 h 即可制冰约 2 kg，完全可以满足美国家庭的需求。取冰可以实现一步操作，如图 5-2 所示。

二、创新型设计人才需要具备的良好思维习惯

要成为创新型设计人才，就需要具备一些良好的思维习惯。

1. 养成批判性思维的习惯

设计开始于问题，思维的创新总是由提出问题开始的。爱因斯坦曾经说过，提出一个问题往往比解决一个问题更重要。因为解决一个问题需要的是专业的知识和技能，而提出新的问题、新的可能性，从新的角度去看旧的问题，需要有创造性的想像力。设计者要善于留心观察周围的事物，敢于对司空见惯的事物提出质疑，并养成批判性的思维习惯。虽然这不能直接创造任何事物，但却是创新的准备，创新的前提。

2. 养成全面思考问题的习惯

设计的准备阶段就是有明确目的的，设计的展开与完善阶段都始终围绕着最终目的而进行。与此同时，设计思维的展开需要从产品的整体利益出发系统地进行考虑，对于设计

任务全面的思考，整体的把握，从不同角度去观察分析问题，将有助于产品设计的成功完成。养成全面思考问题的习惯，就是要从全局出发，不要把眼光局限在某个阶段或某个问题上，这样才能开拓思路。

3．掌握更多知识、交流更多思想

掌握大量的知识、交流更多思想是突破思维障碍的前提条件，特别是要通过科学的方法摄取新知识，以促进思维的创新和发展。据资料统计，一个人有75%的知识是通过阅读掌握的。因此，新知识的摄取，一方面要通过阅读；而另一方面，要注意与人交谈、交流思想。正如萧伯纳所说，你有一种思想，我有一种思想，彼此交换后，每个人都有两种思想。甚至，两种思想的碰撞，还可以产生出第三种思想、第四种思想。思想的交流和碰撞还可以产生更多智慧的火花，将得到意想不到的新知识和新思想，这是获得新知识的重要方法。

4．树立自信心

做任何事都需要增强自信心，做设计也不例外。在这个强调个性化的时代，独树一帜的设计创造更需要设计人员的自信心。创造性思维是具有主观能动性和探索性的，是一种综合思维，是从全新的角度看待问题、解决问题，其得到的结果也应该是全新的。既然是创新的过程，就不可能总是一帆风顺的，肯定会有困难和风险的存在，在困难面前首先要相信自己的判断，才能让创造性思维继续下去，如果没有起码的自信心，很可能使具有创造性的想法中途夭折。设计师们应该积极地培养这种自信心，充分发挥创造性。

第二节 创新思维与大脑

一、了解大脑

人体结构中，最奥妙无穷的部分是大脑，人们对大脑的认识至今还是个谜。大家一致认为，大脑是人们认识、情感、意志、记忆、想像和创造的基地，是人们一切心理活动的出发点和发源地，也是人们掌握知识、获得经验、激发动机、产生行为的司令部。

大脑是脑的高级部位，是心理活动的主要器官，平均重量为1 350 g。大脑包括高级神经中枢和低级神经中枢两部分。低级神经中枢包括间脑、中脑、小脑、脑桥和延脑，它们受高级神经中枢支配，传递信息、连接反射，如图5–3所示。

在每个人的大脑中，约有1万亿个脑细胞，每个脑细胞都包含一个巨大的电化复合体和

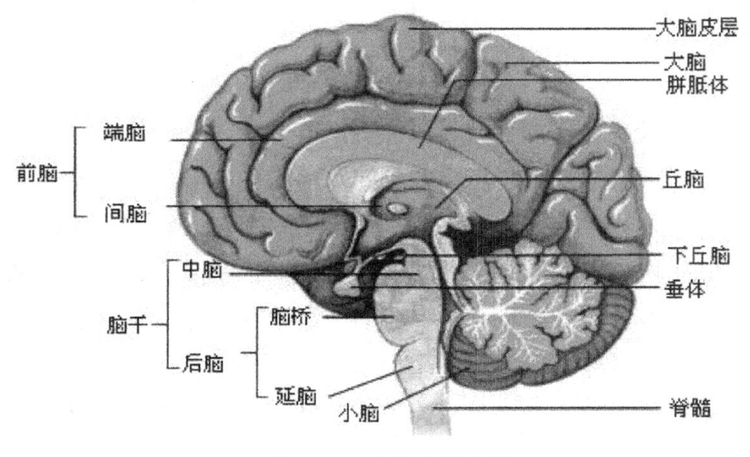

图 5–3　人脑各部位图

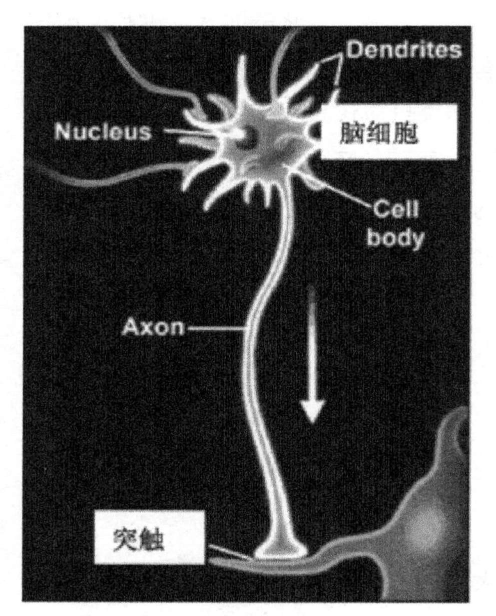

图 5–4　所示人脑脑细胞

功能强大的微数据处理及传递系统，针尖那么大的脑细胞看起来像只章鱼，中间一个身体，带着很多根触须，如图 5–4 所示。

据研究，人类对大脑的使用严重不足，绝大多数人只使用了上万亿大脑细胞中的一小部分，爱因斯坦用到了 10% 的大脑容量，他可能是唯一一个使用如此高百分比大脑容量的人，其余的人只用了大脑容量的 2% ~ 3%。

二、创新思维与大脑

1．左右脑的分工与合作

20 世纪 60 年代末期，加利福尼亚的罗杰·斯伯里教授公布了他的大脑皮质调查结果，其发现说明，大脑两半球的主要智力功能不同，它们各自负责自己的职责。

从指挥身体部位来分，两半脑正好相反，右半脑指挥左半身，左半脑指挥右半身。从思维分工来分，左半脑主要处理数字信息，如语言、分析数字、计算、逻辑、推理、写作等，因此又被称为“数字脑”或“逻辑脑”，它的工作性质是理性的、逻辑的；右半脑主要担负认识、综合型的功能，更多地涉及创造性思维，即处理模拟信息，如空间概念、图形、音乐、颜色、构思、识别、直观思维与创造能力等。因此又被称为“模拟脑”或“形象脑”，它的工作性质是感性的、直观的。

尽管大脑的左右两半球有着不一样的分工，但是它们的活动是交错的，即“整体大于部分之和”。当一个人坐下来读书时，其左脑在阅读文字，提供文字的意思，右脑将文字信息编码成图像，理解隐喻，欣赏其中的幽默，让读者有情感的体验。

2．创新思维和左右脑的关系

美国心理学家约瑟夫·沃拉斯（J.Wallas）在1945年发表的《思考的艺术》一书中首次对创造性思维所涉及的心理活动过程进行了较深入的研究。在此基础上提出了包含准备、孕育、明朗和验证等4个阶段的创造性思维一般模型，至今在国际上仍有较大的影响。沃拉斯认为，任何创造性活动都要包括准备、孕育、明朗和验证等4个阶段。每个阶段有各自不同的操作内容及目标。

1）准备阶段

熟悉所要解决的问题，了解问题的特点。为此要围绕问题搜集并分析有关资料，在此基础上逐步明确解决问题的思路。

2）孕育阶段

创造性活动所面临的必定是前人未能解决的问题，尝试运用传统方法或已有经验必定难以奏效，只好把欲解决的问题先暂时搁置。表面上看，认知主体不再有意识地去思考问题而转向其他方面，实际上是用右脑在继续进行潜意识的思考。这是解决问题的酝酿阶段，也叫潜意识加工阶段。这段时间可能较短，也可能延续多年。

3）明朗阶段

经过较长时间孕育后，认知主体对所要解决问题的症结由模糊而逐渐清晰，于是在某个偶然因素或某一事件的触发下豁然开朗，一下子找到了问题的解决方案。由于这种解决往往突如其来，所以一般称之为灵感或顿悟。事实上，灵感或顿悟并非一时心血来潮，偶然所得，而是前两个阶段认真准备和长期孕育的结果。

4）验证阶段

由灵感或顿悟所得到的解决方案也可能有错误，或者不一定切实可行，所以还需通过逻辑分析和论证以检验其正确性与可行性。

从以上创新思维活动过程的四个阶段特点可以看出，左脑和右脑对于创造性思维来说都是必不可少的，但是，它们在创造过程各阶段中所起的作用却有所不同。在创造过程的第一和第四阶段（即准备期和验证期），左脑起着主导作用。因为，在这两个阶段，人们更多的是发挥左脑的语言和逻辑思维功能，运用各种逻辑方法（如分析和综合、比较、抽象与概括等）

去分析资料，研究前人成果，寻找问题的来源，确定研究工作的出发点和检验假设、形成概念，最后将研究结果系统化，形成逻辑严密的科学知识体系。在创造过程的第二和第三阶段（即酝酿期和豁朗期），右脑起主导作用。这两个阶段是新思想、新观念产生的时期，也是创造性思维过程中最关键的时期。新思想的产生需要充分发挥右脑的想像、直觉、灵感等非逻辑思维功能。在创造性活动中，人们要揭示事物的本质、把握那些不能为人们直接感知到的事物的隐蔽联系，创造出不曾有过的新产品，就必须借助想像去设想事物内部过程相互联系、相互作用的图景，寻找解决问题的方法，构思新产品的形象。因此，右脑的想像功能不但在文学艺术创造中，而且在科学研究、技术发明中起着巨大的作用。直觉，是人脑依据以往的知识和经验，在无意识的条件下，从整体上迅速猜测、预感或观察隐藏在现象背后事物本质属性的一种思维方式，其特点是直接接触问题的实质，似乎不存在中间推导过程，有“知其然，不知其所以然”的感觉。因此，左脑的分析思维是难以施展的，只能依靠右脑的直觉思维，直觉思维方式虽然不能保证成功，但却容易引导成功，不少事例还表明，灵感常常是受某事物的启发而产生的，这种有启发作用的事物被称之为“原型”。在客观世界中，无处不隐蔽着大量的启示，提供人们作为原型，以取得丰富的创造性设想，发现原型与所要寻求事物的相似之处，看出它们之间的隐蔽关系，是创造性突破的关键一步。可见，在创造性思维过程中有重要作用的灵感，与右脑活动也有着密切的联系。

总之，从上述种种情形可以看出，左脑在创造性思维活动过程的一、四阶段起主导作用，右脑在二、三阶段起主导作用，当然这种主次作用是相对而言的。事实上，在创造性思维活动过程的每一阶段，左右脑思维既相互需要且密切配合，只是在其中某一具体的思维活动中有主次而已。因此，不但在整个创造性思维活动过程中，而且在其中的每一个阶段，都可能发生多次左右脑主导地位的转移。纯粹的左脑思维和纯粹的右脑思维，在实际的创造性思维活动过程中都是罕见的，任何创造性产物都是左右脑密切配合，协同活动的结果。

三、如何开发右脑

人的右脑不仅仅是形象思维的中枢，而且是创造性思维的发源地。对创造性活动起着关键作用的想像、直觉、灵感等非逻辑思维主要由右脑完成。可以说，一个人是否具有创造性，主要看他是否具有一个发达的右脑。

开发右脑的第一种方法是多注意观察生活中的形象信息。比如自然界中充满各种各样的形象，留心观察各种各样的形象信息对右脑的开发有很大的帮助。生活中处处存在形象信息，只要自己有意识去观察，必定对右脑开发有帮助。

第二种方法是通过艺术的途径开发右脑。积极参加艺术活动，是锻炼右脑功能的有效途径。从事书法、绘画、音乐等活动的人，右脑往往比较发达，也富于想像，具有较强的联想、直觉、发散性思维等创造能力。

第三种方法是通过强化左手、左脚、左侧身体的活动来开发右脑。右脑主管左半侧的身体活动，经常用左手打球、吃饭、写字、画画等，能使右脑得到充分的锻炼。人的右脑是一个巨大的宝库，开发右脑能够使人的思维更加活跃，富有创造力。

四、课堂测试

你的性情、能力范畴、行为及思考方式如何反映你的用脑倾向？以下10种日常生活状况能够帮助你在理论上判断自己大脑的使用状况，判断你是善于使用左脑的人，还是善于使用右脑的人。

（1）在一个陌生的城市逗留时，你和一群朋友去餐馆吃饭后却要独自回到住处：

A 你会完全迷失方向；

B 你很自然地找到回去的路；

C 你记得酒店在教堂右边的某处。

（2）你的一个朋友跟你提起几个月或几年前共同经历的一个事件，你还记得：

A 那天度过一段快乐的时光；

B 他或她当时的穿着打扮；

C 他或她对你说的话。

（3）在剧场里，你喜欢坐在：

A 右侧；

B 左侧；

C 正中央。

（4）赴约时，你会什么时候到达约会地点：

A 提前很长时间；

B 提前几分钟；

C 经常迟到。

（5）你在等一群朋友吃晚饭：

A 你能够听出他们汽车发动的声音；

B 你能够听出他们上楼梯的声音；

C 他们敲门时你感到很惊讶。

（6）在财务方面：

A 你知道自己的日常花销大概是多少；

B 你大体知道自己该花和不该花多少钱；

C 你总是透支。

（7）在幽默感方面：

A 你喜欢喜剧演员和幽默的情景；

B 你欣赏对白中的文字游戏；

C 你经常会讲好玩的笑话。

（8）你有一次美好的相遇：

A 你完全相信自己的直觉；

B 你不相信第一印象；

C 你不作主观判断。

（9）在音乐方面：

A 根据节拍你就可以找到熟悉的曲调；

B 你的乐感很好；

C 你并不爱好音乐。

（10）一位邻居在楼梯上和你打招呼：

A 你不记得他是谁了；

B 你觉得以前从未见过他；

C 他是 4 楼的新房客。

答案

（1）A —— ×；B ——￥；C —— ◎

（2）A —— ◎；B ——￥；C —— ×

（3）A —— ×；B ——￥；C —— ◎

（4）A —— ×；B —— ◎；C ——￥

（5）A —— ￥；B —— ◎；C —— ×

（6）A —— ×；B —— ◎；C ——￥

（7）A —— ￥；B —— ×；C —— ◎

（8）A —— ￥；B —— ×；C —— ◎

（9）A —— ◎；B ——￥；C —— ×

（10）A —— ◎；B ——×；C —— ￥

× 最多：你是左脑人，是分解和分析问题、对信息进行顺序处理和口头沟通方面的专家。

￥最多：你是右脑人，对一切都怀有兴趣，富有创造性、直觉敏锐，对于音乐有深刻的理解，富有想像力。

◎最多：你在这项测试中没有表现出特别的倾向性，你能够合理利用两个脑半球的能力，使其互相补充。

第三节 创造力的培养

创造力就是创造的行为（CB：Creative Behavior）。要让创造力有效，必须注意到创造公式（CB = IDEA），在这公式中有 4 个很重要的名词：想像（I：Imagination）、知识（D：Data）、评估（E：Evaluation）、行动（A：Action）。如何培养创造力？可以从以下几个方面入手。

一、培养敏锐的观察能力

创造力第一个基本条件是观察，当你眼中看到的东西与众不同时，你的观念就与众不同。观察能力对于创新设计和科学研究来说，都是十分重要和最基本的能力。如果设计师能够敏锐的观察问题、发现关键问题，对人对事物或环境有着不同常人的敏感度，那么设计师就能够具有与众不同的创意。有些人敏感度很高，任何事稍有疏漏或不寻常的地方马上能感觉出来，正如法国雕塑家罗丹所说："所谓大师是这样的人，他们用自己的眼睛去看别人看过的东西，在别人司空见惯的东西上发现未来。"可见，具有敏锐地观察能力对创造力的影响是至关重要的。如图 5–5 所示，一个简单的砧板设计就是得益于设计师敏锐的观察能力。日常生活中，在厨房用砧板切完食物以后，需要把切好的食物放到盘子里或者别的器皿里面，这个过程实际上是很不方便且不卫生的，以上的设计就很好地解决了这个问题。

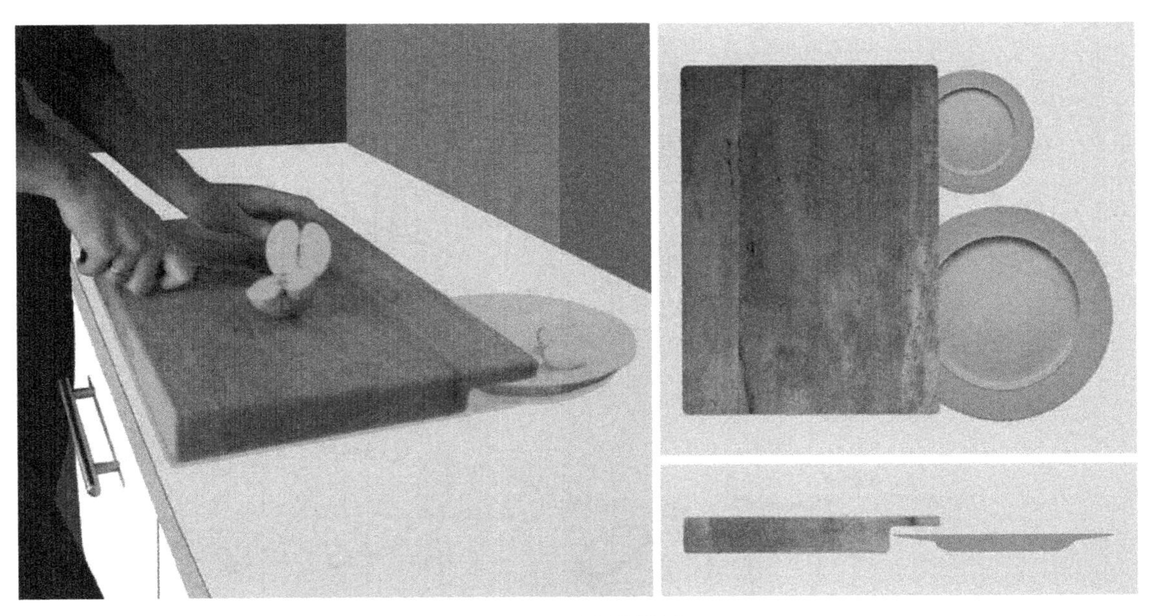

图 5–5 砧板的设计

二、虚拟设计训练

1．目的

培养学生敏锐地观察能力；培养学生解决设计问题的能力；培养学生草图绘制技巧。

2．内容及要求

内容：注意观察生活中的细节，发现生活中不方便的地方，用草图的形式记录下来，并且进行改进。

要求：以草图的形式表达，课后完成。

3．作业评价与交流

（1）作业展示与交流，根据作业完成情况，指定 2 ～ 3 个完成效果较好的同学进行草图展示和讲解。

（2）针对学生课堂练习进行评价。

4．案例

（1）该学生注意观察生活中的细节，发现了生活中不方便的地方，即在看书或者使用电脑时可能发生的倒水事件，进而设计者联想到利用吸盘的原理，设计一个杯垫，可以将水杯固定在桌面，解决的办法虽说并不那么完美，但是从该练习中能够反映出该设计者敏锐的观察力，如图 5–6 所示。

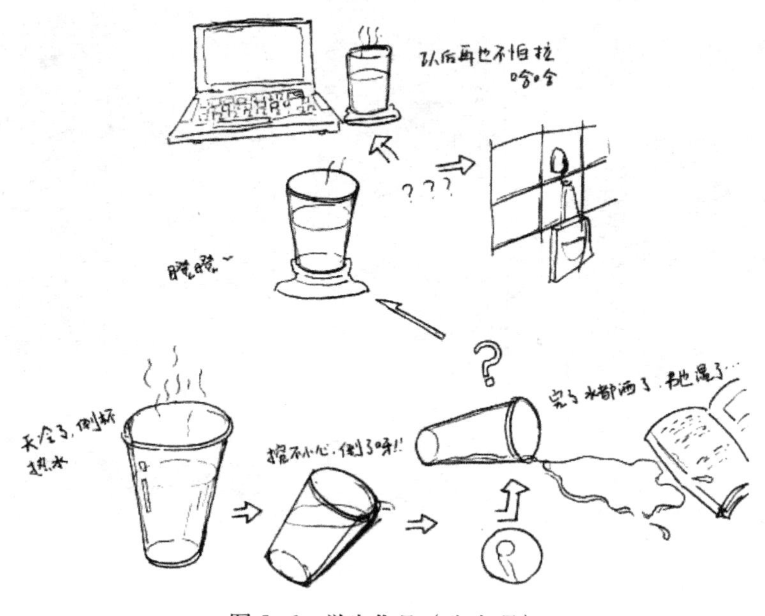

图 5–6　学生作品（张肃珲）

（2）该学生注意观察生活中的细节，发现了生活中不方便的地方，即在使用普通衣架晾晒大件衣物时，容易出现衣物很难晒干的情况。进而设计者联想到在衣架上加入一个撑开装置，在晾晒大件衣物时可以利用装置将衣架撑开，使衣物达到快干的目的。解决的办法虽说并不那么完美，但是从该练习中能够反映出该设计者敏锐的观察能力，如图5–7所示。

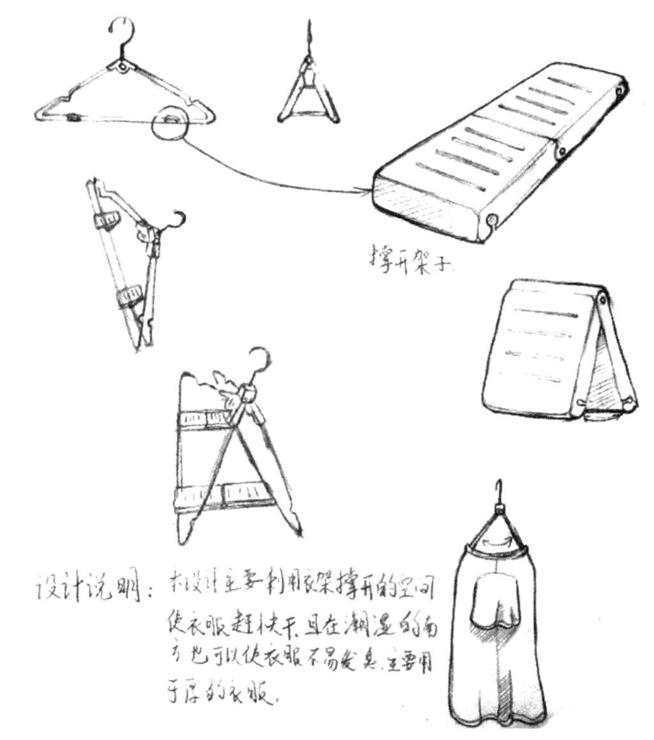

图5–7　学生作品（袁国清）

（3）该学生注意观察生活中的细节，发现了吃饭时不方便的地方，即在某些吃饭的场合比如吃火锅时，需要同时用到汤勺和滤勺，设计者注意到这个问题开始考虑能否设计一种勺子即能够替代汤勺使用，又具有滤勺的功能。设计者提出的解决办法是对普通的汤勺和滤勺进行综合和改进，加入了一个可以移动的片状装置，需要装汤时，移动片状装置，遮住漏水的孔，达到密封的目的。解决的办法虽说并不那么完美，但是从该练习中能够反映出该设计者敏锐的观察能力，如图5–8所示。

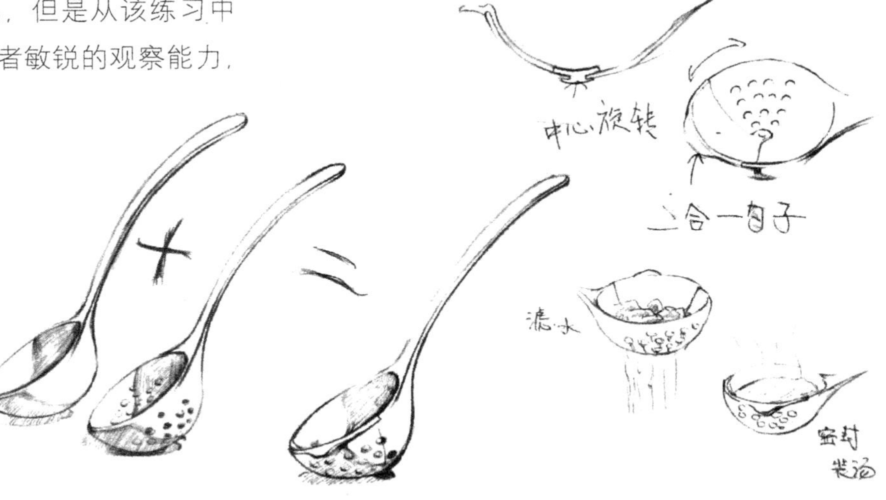

图5–8　学生作品（翁纯强）

三、培养观念、联想以及表达的流畅能力

流畅能力是指在短促的时间内，想出多项可能性答案的能力，也就是在面对问题时，能够想出许多的观念和解决方法的能力。例如，参加手表设计竞赛时，要想得到与众不同的创新想法，首先应该打开思路，思考“除了用传统的钟表来显示时间的流逝，还可以用什么方式来显示？”答案有很多，可能有沙漏、滴漏、燃香、日晷等。在限定时间内答案想得愈多，思考的流畅能力越强，这样才可能在众多答案中找出最合适的设计创意。图 5–9 所示为 2003 年飞亚达手表设计大赛中来自湖南大学张文泉的参赛作品，其灵感来源于古代的计时工具日晷。Guilford（1962）提出流畅性的因素包括以下 3 种：观念的流畅、联想的流畅力，以及表达的流畅力。

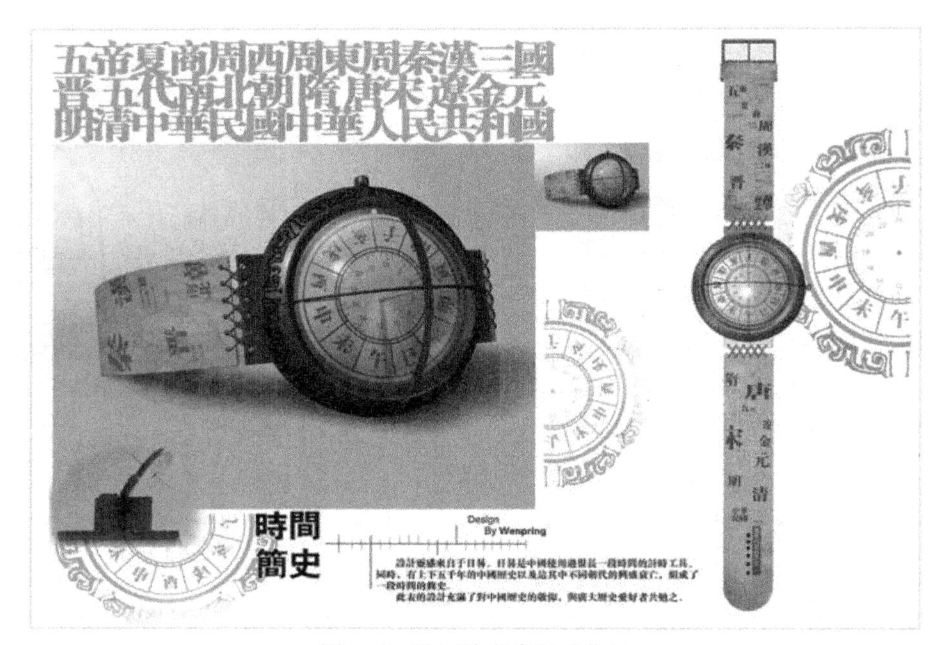

图 5–9　飞亚达手表设计作品

四、培养思考的变通能力

日常生活中，人们思考问题的方式往往是从问题本身出发，依照惯用的逻辑路线寻找答案，即直线思考的思维方式。思考的变通能力是指一种改变思考方式，扩大思考类别，突破思考限制的能力。看看自己是否倾向于停留在习惯性的想法上，能否自动地扩展到新的思考方向，是否能以不同观点来做不同的思考，以一种不同的新方式去看问题。具有创造能力的人，其思考能力变化多端，能举一反三，触类旁通，因而能制造出超常的构想，提出不同凡响的新观念。比如要求在限定的时间内举出红砖的不同用途，一般的人可能会举出：盖房子、筑围墙、修炉灶等功能，但较富创造力的人能思考出如：压纸、打狗、支书架、钉钉子、磨红粉、做垒包等具有变通性的答案。

五、培养想法的独特性

一个富有创造力的设计师，必然有着自己不同于他人的聪明、不平凡、独特新颖的想法，能够想出别人想像不出的观念。设计师和别人雷同的想法越少，他的独创力越高。使自己的思维具有独特性，是每个设计师追求的目标。例如，设想“清除垃圾”有哪些方式，可以提出“清扫”、“吸收”、“黏附”、“冲洗”等手段。在有限的时间内，提供的数量越多，说明思维的流畅性越好；能说出不同的方式，说明变通性好；说出的用途是别人没有说出的、新颖的、独特的，说明具有独创性。

六、培养对想法及设计的完善能力

对想法及设计的完善能力是一种计划周详、精益求精、美上加美的能力。也是在原来的构想或基本概念上加上新观念，增加有趣的细节，和组成相关概念群的能力。对于产品设计而言，设计师不仅仅要能想出创新的想法，还需要对一个粗略的好的想法进一步加以完善，加上新的观念，增加好的细节，然后真正应用到设计当中来。要有对产品形态设计中的细节处理有着良好的把握能力。有很多设计师有着灵活的头脑，创新的想法，但是落实到产品形态设计时，却经常很难做到深入细节，导致一个好的想法不能真正实现其价值。

七、培养良好的想像能力

爱因斯坦说过：“想像力比知识更加重要，因为我们了解的知识终归是有限的，而想像力却能够包含整个世界，还有我们的未来和我们将来能了解的一切。”正是因为有了人类丰富的想像力，才会有电灯、电话、电视、飞机、火车、火箭、卫星等。想像力是在脑中将各种意象构思出来并加以具体化。它使我们能超越现实的限制，进入一个无所不能的世界。在无数设计创造中，都可以看到想像力的主导作用，发明一件新的产品、设备，一般都要在头脑中想像出新的功能和外观，而这种新的功能或外观都是人的头脑调动已有的记忆表象，加以扩展或改造而来的。想像力这种天赋是人类所有创新活动的源泉。

八、虚拟设计训练

1. 目的

培养学生良好的想像能力；培养学生草图绘制技巧。

2. 内容及要求

内容：根据以下文学作品中对人物的描述，根据你的想像画出这个人物的模样：德国童话大盗贼中的大盗贼的形象——他名叫霍真普洛兹，他长着蓬蓬的黑胡子，有个大得出奇的鹰钩鼻子，头戴插了羽毛的宽边帽，右手拿着枪，腰上的宽皮带上插着一把佩剑和七把短刀。

要求：以草图的形式表达，课内 30 分钟完成。

3．作业评价与交流

（1）作业展示与交流，根据作业完成情况，指定 2 ～ 3 个完成效果较好的同学进行草图展示和讲解。

（2）针对学生课堂练习进行评价。

4．案例

（1）如图 5–10 所示，该作者具有良好的想像能力和草图表达能力，能够根据文字描述的内容，根据自己的想像，将盗贼形象很好地描绘出来，该形象的表达不仅仅有文字中描述的内容，同时加入了作者自己对该形象的理解，比如眼罩的处理，使该形象更加饱满生动。

（2）如图 5–11 所示，该作者具有良好的想像能力和草图表达能力，能够根据文字描述的内容，根据自己的想像，将盗贼形象很好的描绘出来，整个形象简洁抽象，与上一个同学所描绘的形象感觉完全不一样，可见每个人对事物的理解和想像都是不一样的。

（3）如图 5–12 所示，该作者具有良好的想像能力和草图表达能力，能够根据文字描述的内容，根据自己的想像，将盗贼形象很好的描绘出来，与前两个作品相比，该盗贼形象更加魁梧彪悍，将盗贼的凶狠表达得淋漓尽致。

图 5–10　学生作品（戴丽红）

图 5–11　学生作品（陈熙荣）

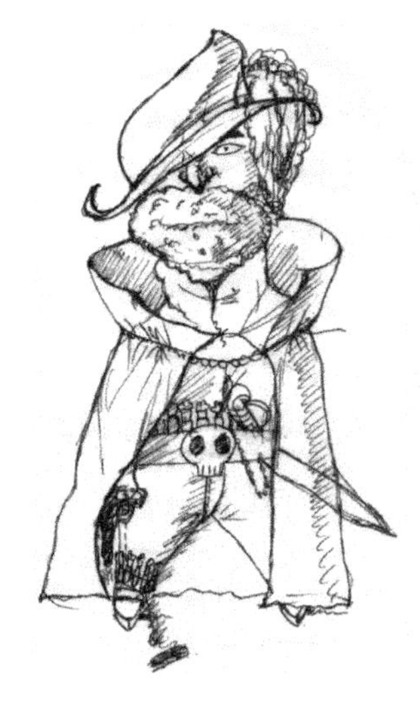

图 5–12　学生作品（梁妮妮）

九、培养强烈的好奇心和冒险能力

好奇心是指面对问题或者感兴趣的事物时，喜欢追根溯源，仔细地进行调查或者探究，以便彻底了解问题的来源，能够打破砂锅问到底。以寻根究底的精神去找出问题的源头或事物的特征，以满足其求知欲。历史上著名的科学家都是富有好奇心的，牛顿对一个苹果产生了好奇；瓦特对烧水壶中冒出的蒸汽十分好奇，最后改良了蒸汽机；伽利略看到吊灯摇晃产生好奇而发明了单摆等。设计师如果没有强烈的好奇心，势必对某些问题视而不见，即使看到了问题的存在也不会去找寻答案，寻找解决的办法。如果这样的话，很多创新的设计想法就会流失。

冒险能力是指有猜测、尝试、实验或面对批判的勇气，它包括坚持己见以及应付未知情况的能力，在面对失败及批评时，还能鼓起勇气再接再厉，全力以赴，勇于探索。

十、培养良好的分析综合能力和评价能力

分析是指观察并检查一个整体的各个部分，以探讨及了解部件彼此间的关系。比如仔细观察一组相似的事物，然后给出一些分类的标准对他们进行分类，例如，设定不同的分类标准，对 10 个不同种类的塑料瓶进行分类。可以根据塑料瓶上标签的品牌字母顺序进行分类，也可以按照把握的舒适性进行分类，甚至可以根据瓶底花纹的复杂程度来分类。作为设计师，需要具备分析问题的能力，同时面对海量设计信息和资料，需要透过现象看本质，快速对其进行分析和综合，从而得到真正对设计有用的信息和资料。

综合是指把各个部分放在一起，组成一个整体或重新安排各部分，形成一个新的形式或结构。通常设计师们将零碎的想法综合而成一个完善的、独特的计划；或将片断的知识用自己独特的方式加以统整，都是综合能力的表现。

评价是根据某些标准而形成自己批判事物优劣的标准，也就是衡量事物的观念或方法的过程。评价是以明确的标准为基础而不只是情感的反应。一个好的设计不能仅仅用“我感觉这个设计很不错”来形容，要知道感觉人人有，感觉是最没有说服力的。评价一个产品设计并非是单纯的喜好问题，不同的目的、不同的环境、不同的时代以及评价者的观点都能对结果产生影响。产品设计评价是一个复杂的工程，是将产品形态设计的“实用、经济、美观”原则具体应用于产品设计的评价过程。

（1）创造性。一个好的产品设计必须具有独特的设计特征，无论是产品的功能、结构，或是造型、色彩，还是在产品的制造方面都应该有新的突破。

（2）科学性。完善的产品功能，合理的产品结构，优良的产品造型，先进的制造技术，都是基于合理的科学技术的采用。

（3）社会性。产品的社会性一般包括：民族文化的宣扬、社会道德的提高、时代潮流的刺激以及产生的经济效益等。

第六章

产品形态与技术因素

本章主要内容：

- 材料与产品形态设计；
- 连接结构与产品形态设计；
- 机构系统与产品形态设计。

工业设计是连接技术与艺术的桥梁，技术因素是工业设计强有力的支撑。从产品设计的历史看，优秀的设计无不是伴随着技术的进步而产生。实践证明，技术的进步使得人们的生活变得更加美好，在工业设计师的辛勤耕耘下，"天马行空"的构想在技术的支持下变成现实，让人们感受到特定的技术美。在工业设计领域，影响形态设计的技术因素很多，如本章介绍的材料、连接结构、机构系统及相关加工、工艺等。

第一节　材料与产品形态设计

工业设计是一门实用学科，所以对材料的认识和了解在工业设计中占有十分重要的地位，设计不能只停留在图纸上，设计师要考虑设计实施的可行性，并使其能够生产，且大部分能够批量生产。在做设计前，必须对各种材料的性能了然于胸，这样才能为某一具体形态选择合适的材料，并能灵活地运用材料的各种特性，从而最大限度地发挥材料的性能，设计出更加完美的形态。设计材料很多，如金属、塑料、木材、玻璃、陶瓷、针织物，甚至是石头、水泥等。这里主要介绍塑料和金属。

一、塑料

塑料制品已经广泛应用于人们生活的各个领域，由于塑料材料成分的多样性，结构、形状的多变性，使它有更理想的设计特性。尤其是它的形状设计、制造方法选择的多样性，更是其他大部分材料无可比拟的。塑料的成型工艺很大程度上决定了产品的外观形态类型，也可以说塑料产品形态依赖于它的成型手段。

1. 吹塑成型

吹塑是比较典型的塑料产品大批量生产的加工工艺，自动化程度很高，成本相当低。吹塑可以分为两种方式：注吹塑和压吹塑。

1）注吹塑

这种工艺像吹气球一样把塑料充气成型，而这个形状是由模具的形状决定的。使用吹塑模具可以制造微小的产品细节，比如标志和瓶口的螺纹等，多数塑料饮料瓶都使用注吹塑工艺。

注吹塑工艺包括两个连续过程，由机器自动完成。第一步是对一条管子进行注塑，这段管子可以包括螺纹结构；第二步是把注射进模具腔体的塑料通过压力进行气体吹制，直至填满整个型腔。塑料瓶的吹塑过程和用注吹塑工艺生产塑料水桶所使用的模具如图 6–1、图 6–2 所示。

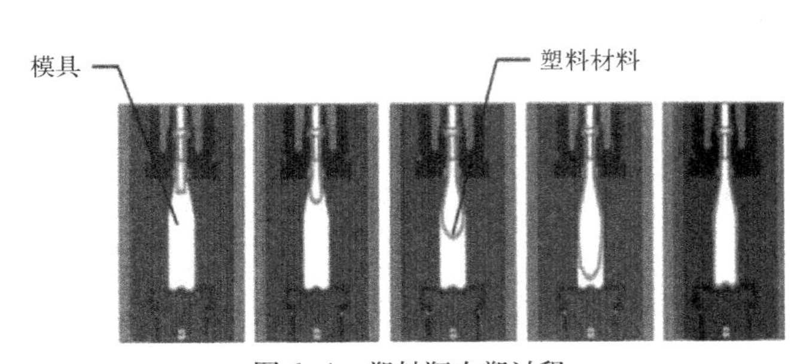

图 6–1　塑料瓶吹塑过程

图 6–2　吹塑所用塑料水桶模具

2）压吹塑

压吹塑与注吹塑不同之处在于，第一步坯料通过挤压的方式形成，其他方式相同。

2. 轮压成型

轮压是将塑料小圆球塞进一串加热的滚轮中，通过滚动的轧辊将它们制成薄片，而薄片上的纹理和微构造可以先在滚轮上制作。轮压工艺针对的是热固性塑料和热熔性塑料材料。这种工艺通常是制作浴帘、桌布和保鲜膜等热固性薄膜的初始工序。

3. 压塑成型

压塑成型又称模压成型，它是将粉状、粒状或碎屑状塑料材料置于加热至成型温度的模

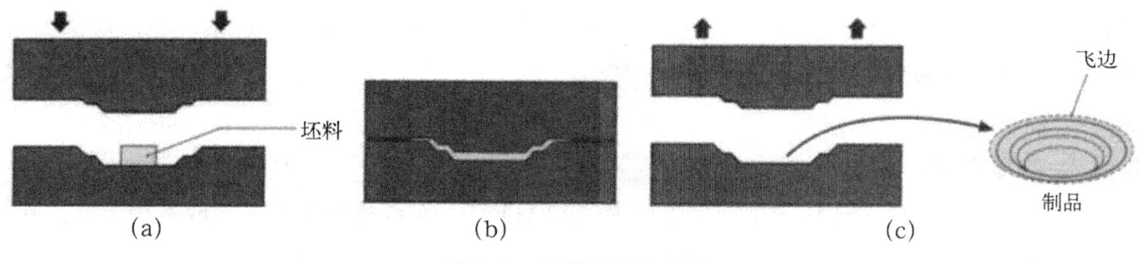

图 6–3　压塑成型示意图

具型腔中，然后闭模加压使其成型并固化，成型过程中，过量的材料从分模面处溢出形成飞边，最后启模取出制品、修整。它主要用于热固性塑料，过程如图 6–3 所示。

图 6–4　真空吸塑制品

4. 真空吸塑成型

真空吸塑工艺是将塑料片或板加热到软化，利用吸塑模具的小孔吸合塑料片，冷却后得到塑料制品的过程。吸塑产品在脱模后有一定程度的回复，其形态精度不高，材料本身强度也不高，适合于薄板塑料制作的各种容器和包装盒，如图 6–4 所示。

5. 注射成型

注射成型是将塑料原料通过漏斗送进塑料注射机，经过加热熔融逐步把熔融的塑料通过柱塞加压的方式向塑料成型模具中进行注射。塑料成型模具有相应的冷却、顶出等机构，通过这些机构的协调动作，最终得到冷却成型的塑料产品。这种工艺已经相当成熟，批量生产效率高，成型自由度高，使复杂形态的产品成为可能，如图 6–5 所示。

注射成型可以将两种颜色或材料注入同一个模具中，从而得到两种不同的肌理或颜色制品。制品的精度可以很好地得到控制，单件成本相对较低，但前期大多需要较高成本的模具制作。

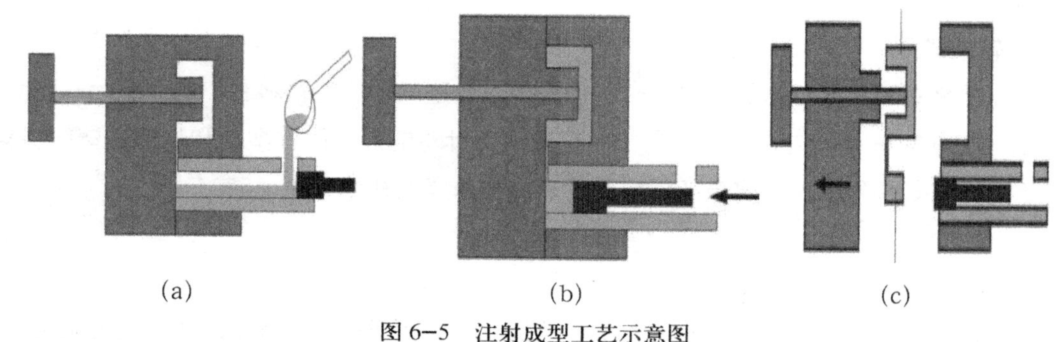

图 6–5　注射成型工艺示意图

二、塑料成型工艺对形态的影响

由于塑料的具体加工工艺不同，会对产品的外形或外观有一些明确的影响，作为设计师应该掌握这些知识，在设计产品外观形态时，给予充分的考虑，回避工艺对形态的限制，弥补工艺对形态的负面影响。这不仅适用于塑料制品，同样适用于金属制品。

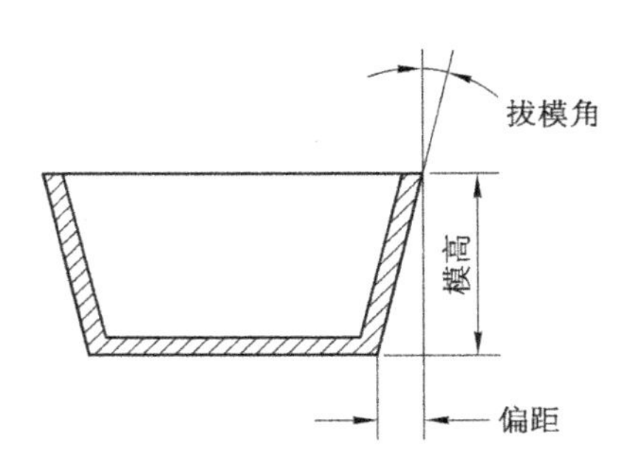

图 6–6　起模斜度的设计

1. 起模斜度（拔模斜度）

在与模具有关的成型过程中，为了去模方便，不造成制品变形、擦伤，且降低废品率，常常设计出起模斜度，如图 6–6 所示。而当制品高度不高，即在拔模方向上制品表面长度不长，或尺寸精度要求较高，或为了解决开模时制品的去留问题，有时在制品的某一特征面上不仅不留起模角度，甚至还要在制品表面设计与起模角度方向相反的角度。起模角度选取原则如下：

图 6–7　具有起模斜度的塑料产品

（1）尺寸要求不高的产品，起模角度可以适当放大，有利于制品脱模。

（2）收缩率越大的材料，其制品的起模角度也应该越大。

（3）热固性塑料起模角度要高于热塑性塑料。

（4）制品越厚，收缩率越大，相应加大起模角度。

（5）对于大尺寸制品，起模角度可以相应减小。

（6）只有当制品高度很小的时候允许不设计起模斜度。

对于自由曲面来说，不容易找到最小的起模角度位置，所以判断在什么位置设计起模斜度并不容易。

2. 底面支撑结构

若塑料件上一个面作为支承面，特别是面积较大，由于不均匀收缩、翘曲、变形等因素的影响，很难保证它是一个理想的平面，这时应在塑料件表面的采取凸边或者设置几个凸起的定位点如图 6–8 所示，依照“三点确定平面”原理，形成支承面。

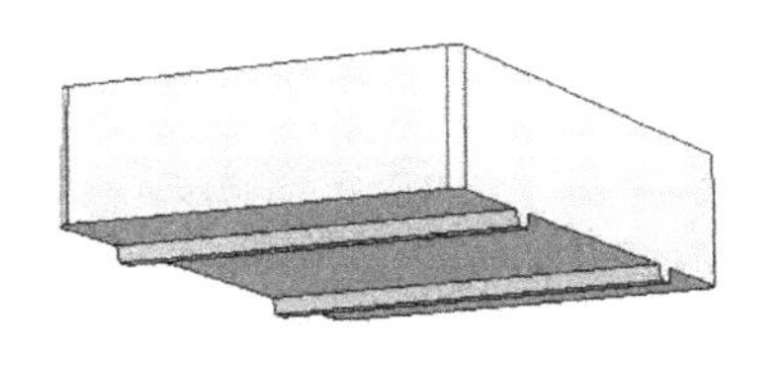

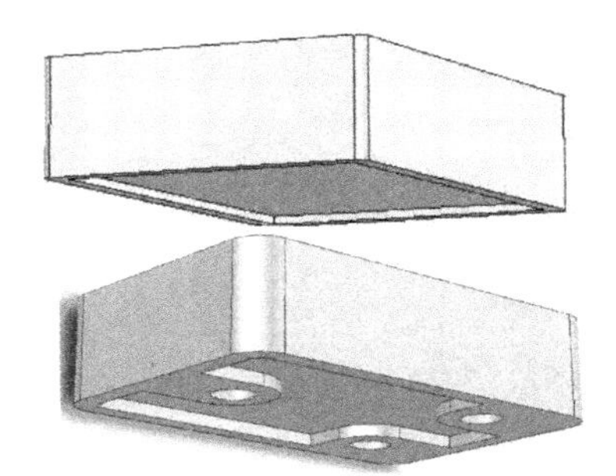

图 6–8　支撑面结构设计

3. 塑料件表面花纹设计

在设计花纹时一定要注意花纹方向与起模方向的关系，当花纹方向与起模方向一致时塑料件才能顺利脱模，如图 6–9 所示。

4. 掩盖分型面对形态的破坏

由于塑料加工工艺对模具的要求，常常会在塑料制品表面留下分型面，使产品表面变得不完整。设计者应该尽量避免这样的情况发生，同时要考虑如何利用分型面在产品表面留下的分型线处于恰到好处的位置。如图 6–10 所示是两种对分型面留下的痕迹处理方法。两种改进方法都是在分型面附近增加一条凸起带，以便清除飞边，同时也能“掩盖”上下模合模位置误差。

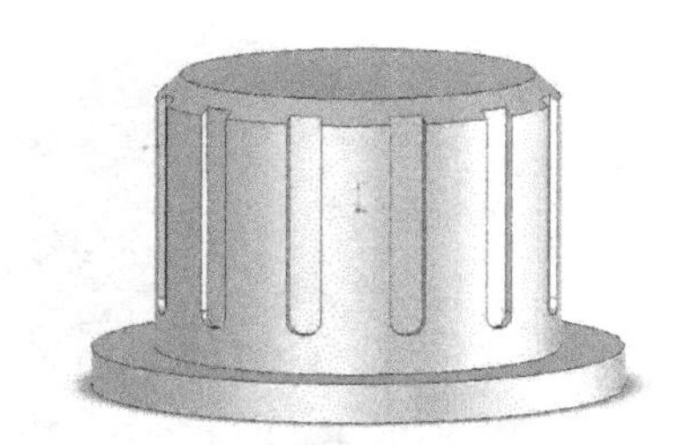

图 6–9　花纹方向与起模方向一致

图 6–10　掩盖起模分界线的方法图（詹涵菁的研究）

5. 加强结构的补充

1）加强筋

薄壁塑料件在受力明显，又有外观要求的地方补充加强筋或肋结构如图 6–11 所示，塑料支撑件的里面设计成加强筋结构以完成承重的功能。

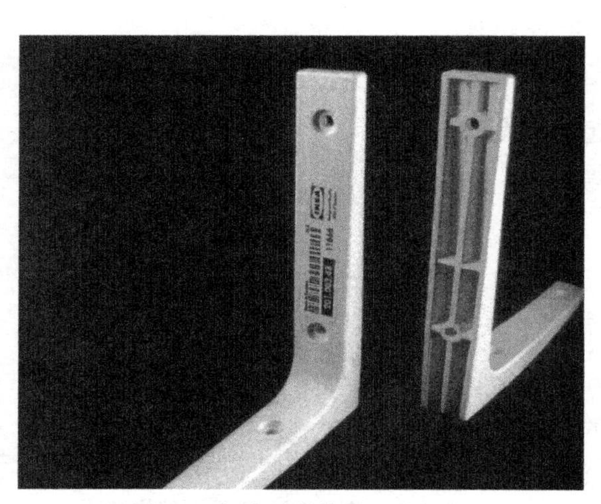

图 6–11　支撑件的加强筋结构

除了受到外力的因素补充加强筋结构外，在薄壁塑料件脱模冷却过程中，塑料件也会发生翘曲和变形。为了防止变形，可以适当设计加强筋结构。

2）拱结构和穹隆结构

面积较大、壁厚较薄的平面，为了避免变形，应该改为曲面。如图 6–12 所示的拱结构或穹隆结构。如果结构不允许采用曲面，那么至少也要在平面上添加环形起伏，如图 6–13 所示，以加强平面刚度。

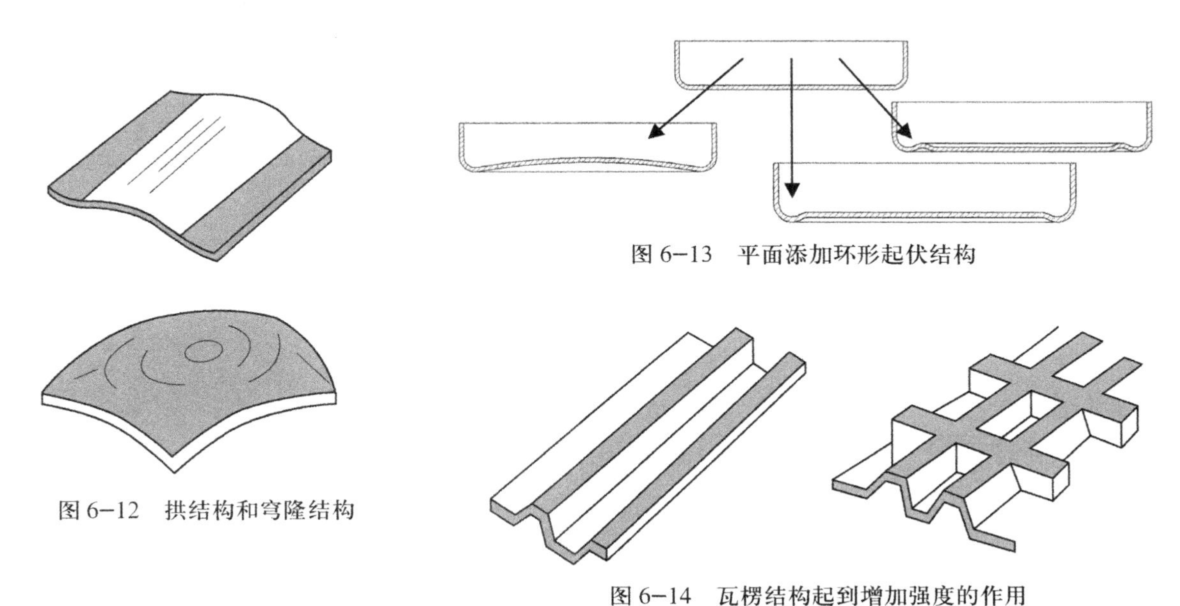

图 6-12　拱结构和穹隆结构

图 6-13　平面添加环形起伏结构

图 6-14　瓦楞结构起到增加强度的作用

3）瓦楞结构

瓦楞结构也可以看成是一种特殊的加强筋，如图 6-14 所示。

三、传统金属及加工工艺

金属表面具有独特的色彩和光泽，金属材料还有很好的延展性，同时是电与热的良导体，但它也有容易被氧化、被腐蚀的特性。了解和认识金属，有益于设计师在设计过程中实现其设计构想。

1. 分类

其分类如图 6-15 所示。

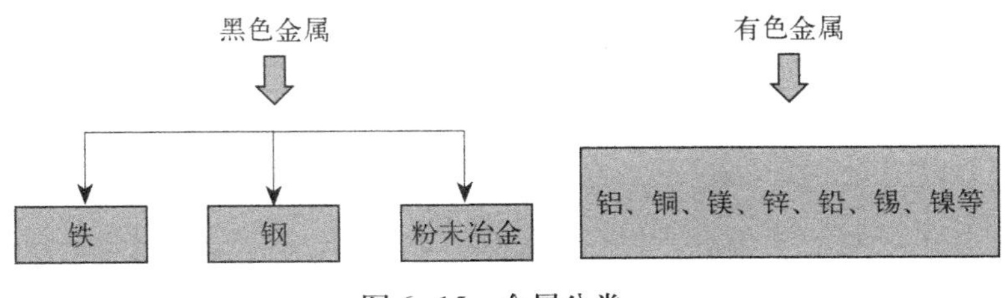

图 6-15　金属分类

2. 加工成型工艺

金属的加工成形工艺见表 6-1。

表 6–1　金属加工成形工艺

液态成型	塑性成型	固态成型
又称铸造，金属受热熔化后浇铸到铸型中，此工艺是一种获得所需要的金属件的有效方法。气孔，热弯曲	又称锻造，棒料和预成形的零件被加热到接近熔点。提高了零件强度，但劳动者强度也较大	局限于板料、棒料和管材，常温下进行，随着数控技术的发展，成本和时间降低

下面是日常产品设计中，金属经常遇到的一些加工方法：

1）弯曲

它用于加工任何形式的片状、杆状以及管状材料的经济型生产工艺。如图 6–16 所示为匈牙利设计师布劳耶利用钢管弯曲工艺设计的瓦西里椅。

2）连续轧制

将金属片输入压辊之间，以获得长度连续、横截面一致的金属造型，但是这种工艺对加工制品的壁厚有限制，只能得到单一的壁厚，如图 6–17 所示。

3）冲压和冲裁

冲压是将金属片置于阴模与阳模之间，经压制成型。用于加工中空造型的产品，深度可深可浅，如图 6–18 所示。冲裁则是用特定的工具在金属片上冲剪出一定形态的工艺。制件可以是被剪切下来的部分，也可以是保留的部分，图 6–19 所示。

图 6–16　瓦西里椅

图 6–17　轧制工艺

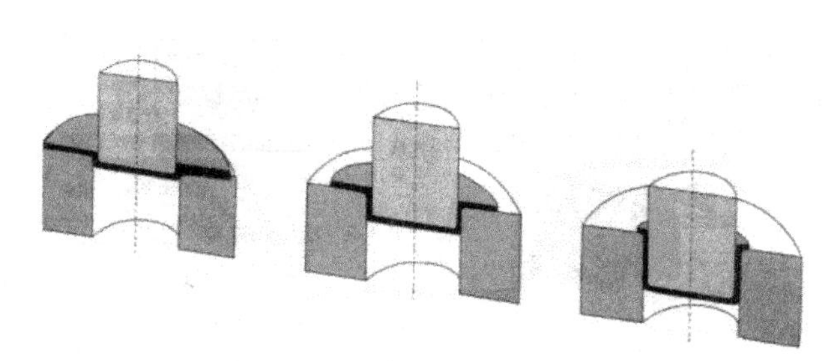

图 6–18　冲压工艺示意图

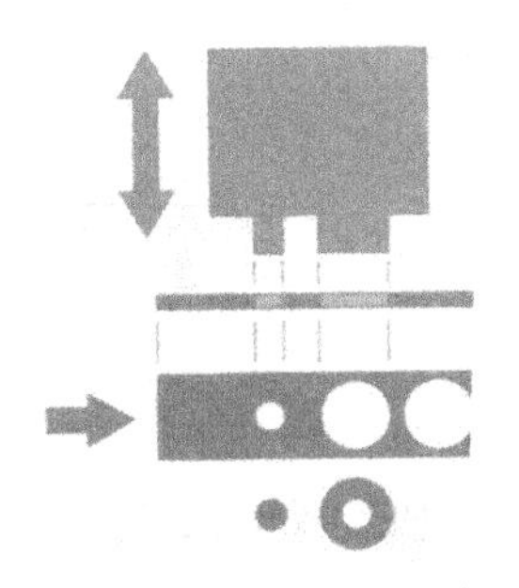

图 6–19　冲裁工艺示意图

4）切削成型

当对金属进行切割时，有切屑产生的切割方式称为切削成型，包括铣磨、钻磨、钻孔、车床加工以及磨、锯等工艺。

5）无切削成型

利用现有的金属条或金属片进行造型，没有切屑产生。这类工艺包括化学加工、酸蚀、放电加工、喷砂加工、激光切割、喷水切割以及热切割等。如图 6–20、图 6–21 所示。

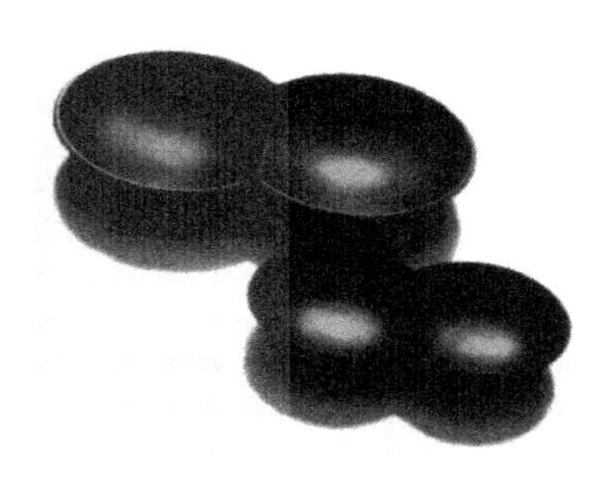

图 6–20　利用喷砂工艺的钢碟

图 6–21　镁合金注射成型的椅子

四、现代快速成型技术

快速成型技术（rapid prototype，简称 RP）是 20 世纪 80 年代发展起来的一门新兴技术。近些年来，RP 技术发展很快，在工业设计领域的应用越来越受到人们的关注。它有别于传统的加工技术过多地依赖于加工经验知识，而给设计师提供了一个全新的加工形式。

快速成型技术在工业设计中的应用不仅可以自动、快速地将设计思想转化为具有一定结构和功能的原型或直接制造零部件，而且可以对产品设计进行快速评价、修改，以响应市场需求，极大地提高了产品开发效率，提高了企业的竞争能力。

快速成型技术集成了计算机辅助设计（CAD）技术、数控技术、激光技术和材料技术等现代科技，是先进制造技术的重要组成部分。

1. 工作原理

与传统制造方法不同，快速成型过程首先生成一个产品的三维 CAD 实体模型或曲面模型文件，将其转换成 STL 文件格式，再用一软件从 STL 文件“切”（Slice）出设定厚度的一系列的片层，或者直接从 CAD 文件切出一系列片层，这些片层按次序累积起来仍是所设计零件的形状。然后，将上述每一片层的资料传到快速自动成型机中，类似于计算机向打印机传递打印信息，用材料添加法依次将每一层做出并同时连接各层，直到完成整个零件，如图 6–22 所示。因此，快速自动成型可定义为一种将计算机中储存的任意三维形体信息通过材料逐层添加法直接制造出来，而不需要特殊的模具、工具或人工干涉的新型制造技术。因而可以在不用模具和工具的条件下生成几乎任意复杂的零部件。

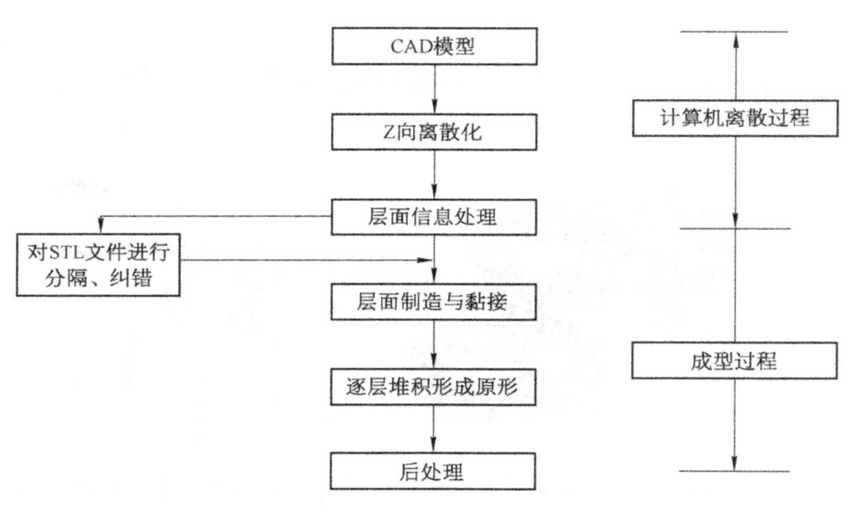

图 6–22　快速成型技术工作原理示意图

基于激光及其他光源的成型技术
- 光固化成型（SLA）
- 分层实体制造（LOM）
- 选域激光粉末烧结（SLS）
- 形状沉积成型（SDM）

基于喷射的成型技术
- 熔融沉积成型（FDM）
- 三维印刷（3DP）
- 多相喷射沉积（MJD）

图 6–23　快速成型技术分类

2. 分类

按照快速成型技术的能源类型可将其分为基于激光及其他光源的成型技术和基于喷射的成型技术两类，如图 6–23 所示。

3. 设计案例

该设计造型新颖、节能环保。采用 SolidWorks 软件建模，利用快速成型技术制作模型零部件，经过后期处理、装配，模型逼真。

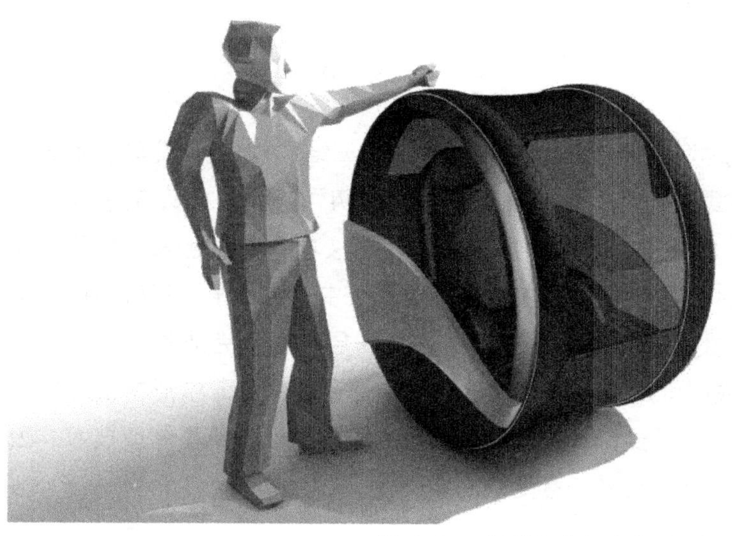

图 6–24　新型代步概念车（刘栩颖）

第二节　连接结构与产品形态设计

产品中各种材料的相互连接和作用方式称为结构，如果说材料是产品的肌肉，那么结构就好比是骨骼。产品的功能是在合理的结构中发挥出效能。

连接结构问题是产品设计中一个重要的问题。构成产品的各个功能部件需要以各种方式连接固定在一起形成整体，以完成产品的设计功能。从产品形态的角度对连接方式进行分析总结，对各种连接结构的特点，应用角度进行归纳，对设计师进行产品形态设计有参考意义。

一、连接结构分类

（1）按连接原理分：有机械连接、黏接和焊接，见表 6–2。

表 6–2　按连接原理分类

分类
机械连接：铆接、螺栓连接、键销连接、弹性卡扣连接等等
焊接：利用电能的焊接（电弧焊、埋弧焊、气体保护焊、点焊、激光焊） 利用化学能的焊接（气焊 、原子氢能焊、合铸焊等） 利用机械能的焊接（锻焊、冷压焊、爆炸焊、摩擦焊等）
粘接：黏合剂黏接、溶剂黏接

（2）按照部件的活动空间分：有动连接和静连接结构，见表 6–3。

表 6–3　按部件活动空间分类

类别	内容
静连接	不可拆固定连接：焊接、铆接、黏接等 可拆固定连接：螺纹连接、销连接、弹性形变连接、锁扣连接、插接等
动连接	柔性连接：弹簧连接、软轴连接 移动连接：滑动连接、滚动连接 连接转动

（3）按照连接结构对形态影响的特点分：有相对移动、铰接、锁扣、夹、伸缩结构连接、插接、榫接等。

二、连接结构对形态影响的分析

在生活中经常看到利用标准件螺纹连接的情况，需要总结连接结构对产品形态影响较大的情况，不必过于追究它属于哪种连接形式。

1. 相对移动连接

这类连接在日常生活中应用比较普遍，连接件之间相对移动范围可以较大，而连接件基本保持原有的形态，根据具体状态的不同，可以有部分被遮盖或收纳。构件沿着一条固定轨道运动，轨道可以是空间或者平面曲线，最常用的轨道轨迹是直线。比如，抽屉、滑盖手机、滑动锯和拉杆天线的伸缩结构等。在设计滑道的时候应注意滑道端点阻力点的设置。如图6–25所示的滑盖手机及滑道设计。美工刀刀片与刀柄间的移动连接等，如图6–26所示。

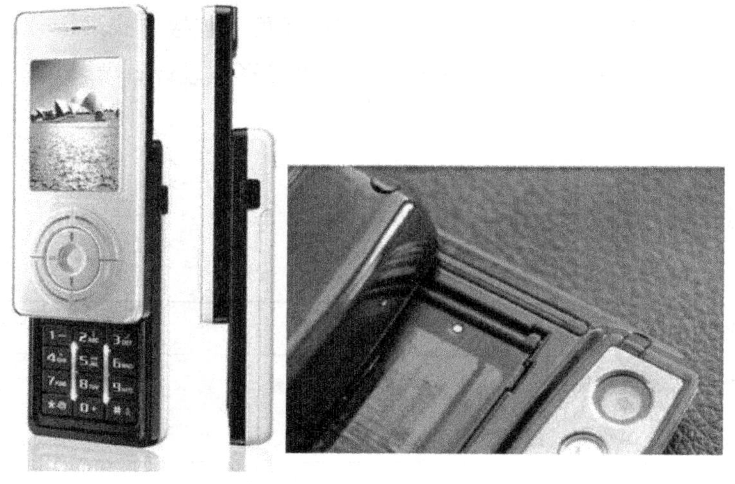

图6–25　相对移动连接（滑盖手机）

图6–26　美工刀 滑动连接

2. 铰接（转动连接）

用铰链把两个物体连接起来叫铰接。这是一种常用的机械连接，常用于连接转动的装置，门、盖或其他摆动部件可以借以转动。此类连接件之间有相对运动关系，需要强调的是极限位置的确定。其应用范围广泛，比如汽车门与车体连接、家具部件之间的连接等，如图6–27、图6–28所示。

图6–27　手提电脑显示屏与主体连接

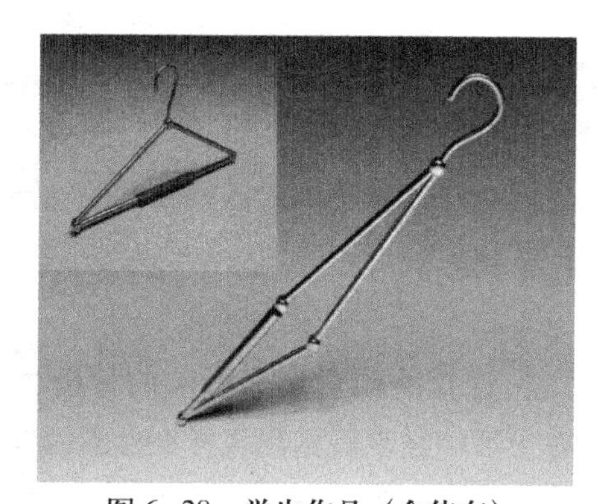

图6–28　学生作品（余伟东）

3. 锁扣连接

这类连接是利用产品材料本身的特性或者零部件特性而产生的一种连接方式。如塑料的弹性、磁铁的磁性或者按扣的瞬时固定连接性，如图 6–29 所示。这类连接方式具有结构简单、形式灵活，工作可靠等优点。特别是塑料产品构件上设置锁扣结构装置对模具复杂程度影响不大，几乎不影响产品的生产成本，所以应用较为广泛。图 6–30 所示的"水晶头"是利用了材料本身的弹性，而图 6–31 所示的"TOHOT"则是利用了磁性材料。使用这类连接对产品形态影响不大，但是需要注意的是，锁扣承受重量的能力受到材料限制。

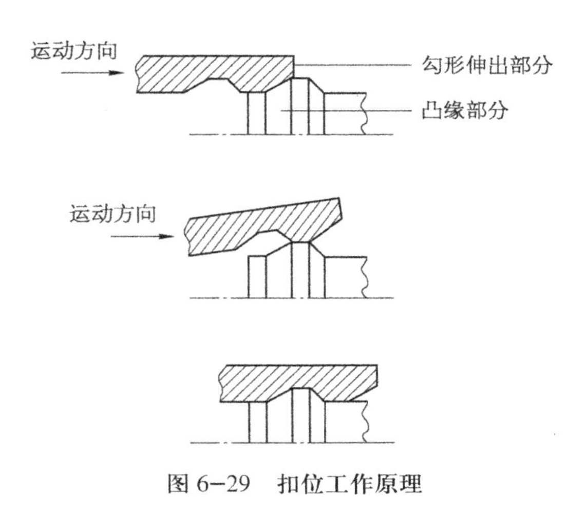

图 6–29　扣位工作原理

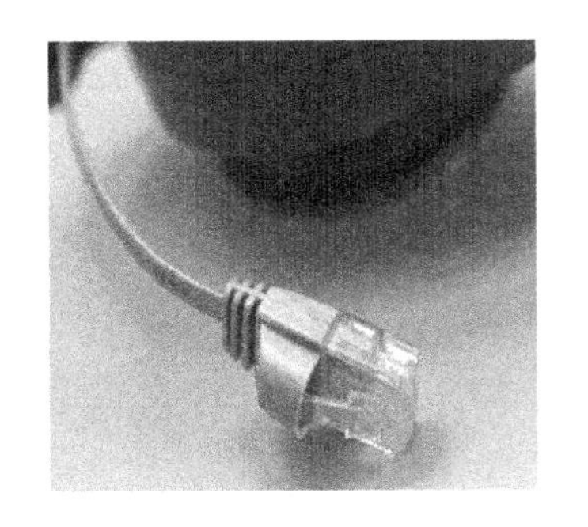

图 6–30　电脑网线端口"水晶头"

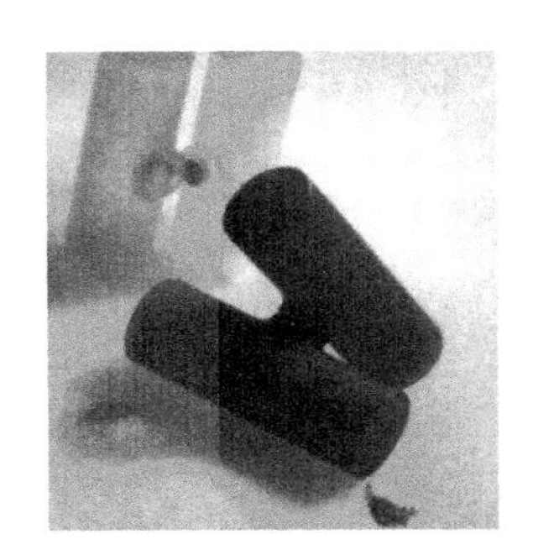

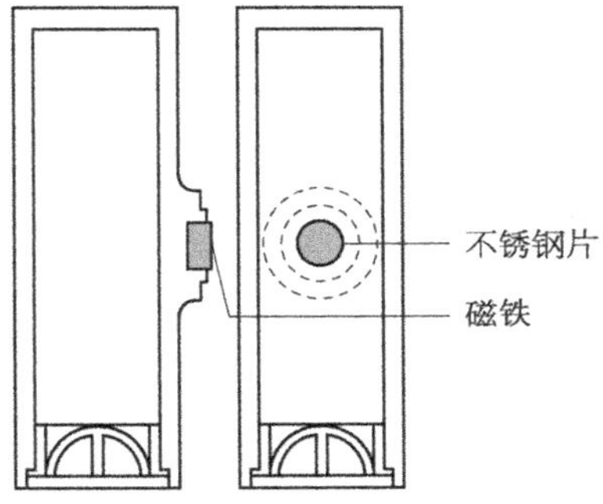

图 6–31　"TOHOT"盐和胡椒摇罐

4. 伸缩结构连接

伸缩结构连接从工作原理角度看，多属于铰连接或销连接；从形态角度看，像一个"手风琴"的形状。这种形状可以通过改变它们的角度来进行伸缩。经常应用在文具、衣架、家具等生活用具设计中。在设计便携式物品的时候，可以考虑使用该种连接方式。如图 6–32。

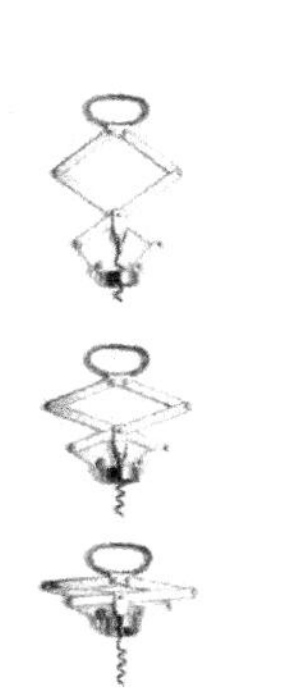

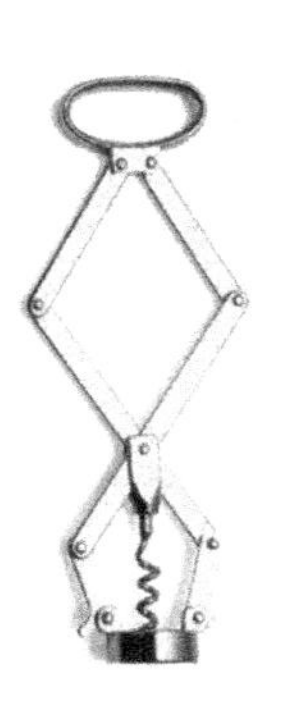

图 6–32　利用伸缩结构连接的产品"瓶启"和"伸缩楼梯"

5. 插接

经常见到的插接结构是在面材上切出插缝，或者做出“插口”和相对应的“插头”，然后互相插接钳制而形成的立体形态，如图 6–33 所示。形态上可以体现单体的“复制”，有利于进行模块化的设计，如图 6–34 所示。在需要互相固定的零部件上设置相应的插接结构可以方便地安装和拆卸。广泛应用在家具、灯具等模块化设计的产品中。

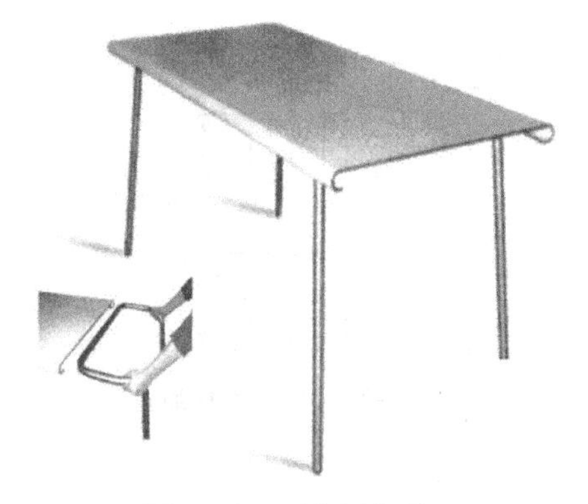
图 6–33　面与腿插接

图 6–34　“灯站”灯具

6. 榫接

把相互连接的一方做出凹口，另一方做出凸榫，将凸榫插入凹口之后，用钉子或者黏合剂加以固定这种构成形式叫榫接。榫连接与插接很相似，从应用范围看，插接更具广泛性。榫接主要应用在中国古代家具中，只要提到传统的红木家具、明式家具以及古代建筑结构，人们就会感受到：隽永、大方、高雅，想起它独特的外观形态，如图 6–35 所示。这些与独特的榫接结构连接有着密不可分的关系。

图 6–35　靠榫结构连接的椅子

三、虚拟设计训练

1. 目的

让学生了解和熟悉材料或形体连接的基本方法；培养学生解决结构连接设计问题的能力；培养学生草图绘制技巧。

2. 内容及要求

内容：完成一个桌子的设计，原有的桌面尺寸：600 mm × 500 mm × 28 mm，通过结构或连接形式的改变使得实际使用桌面增大，增大后的尺寸要求为 1 200 mm × 500 mm × 28 mm，不使用时桌面回缩到原来的尺寸。

要求：完成桌子的基本功能，桌子形态不限，材料不限，设计要求美观、大方、易于实现。至少画出 3 种方案，以草图形式定稿。

3. 评价与交流

（1）作业展示与交流，根据作业完成情况，指定 2 ～ 3 个完成效果较好的同学进行草图展示和讲解。

（2）针对学生课堂训练进行评价。

4. 案例

（1）如图 6–36 所示，该同学设计的桌子简洁大方，实现的可行性高，基本满足设计要求，即通过连接形式和结构的改变，使适用状态下的桌面可以增加一半的长度，不使用时回到原来的桌面状态。桌面的连接部分为滑动和铰接相结合，很好地满足了设计要求，有一定的创新性。

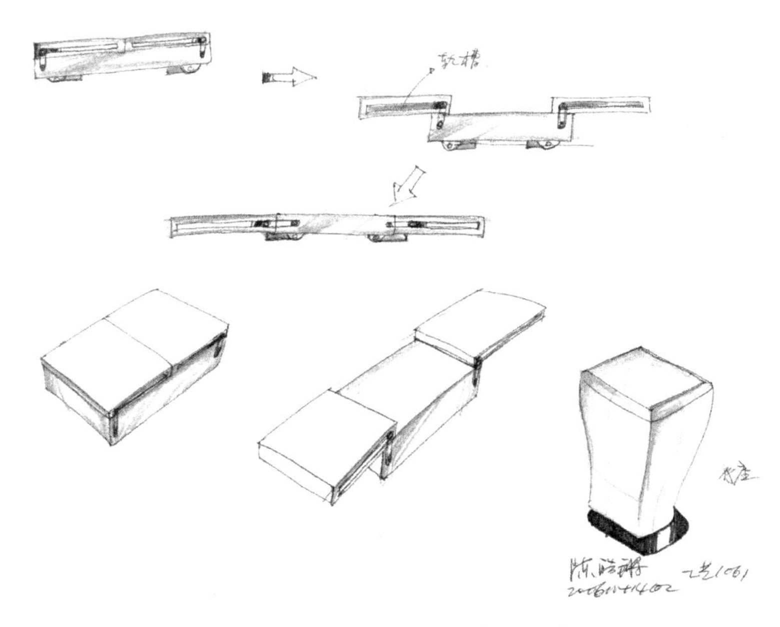

图 6–36　学生作品（陈皓锵）

（2）如图 6–37 所示，该同学设计的桌子形态新颖，构思巧妙，可行性高，连接形式和结构考虑周到，有利于实现，且面积增加近1倍。桌面的使用状态和伸缩方式清晰明了，对桌面的连接部分进行了细致的描述，满足了设计要求，有一定的创新性。

（3）如图6—38所示，该同学设计的桌子简洁大方，黑白两个颜色，突出几何形状，具有个性，基本满足设计要求。通过标准的连接件连接，需要的时候可以将桌面的面积增加1倍。操作简单、方便、可行性高。桌面的连接部分为铰接，且设计者对该连接件作了细致的刻画，很好地满足了设计要求，有一定的创新性。

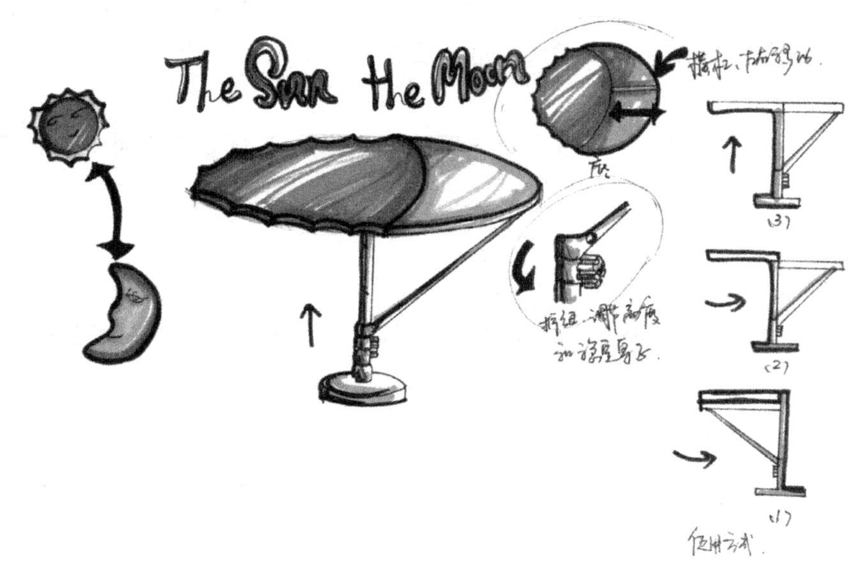

图6—37　学生作品（苏翠莹）

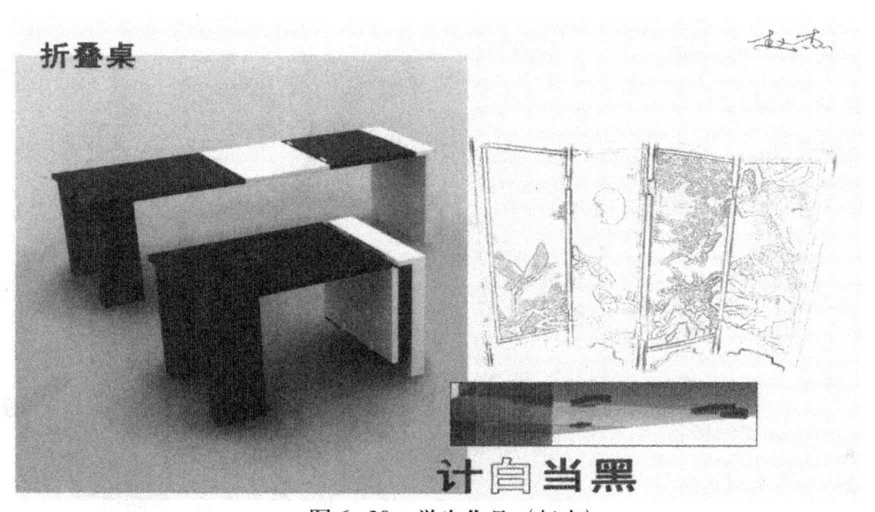

图6—38　学生作品（赵杰）

第三节　机构系统与产品形态设计

产品由各零部件按照一定的连接结构构成完整的产品形态，而它要真正“动”起来，还需要对产品的机构系统进行进一步设计，使各个零部件能够有序地工作，让产品发挥它的功能作用。

一、机构系统的概念与分类

由两个或两个以上零部件通过活动连接形成的构件系统，称为机构系统。按组成的各部件间相对运动的不同，机构可分为平面机构（如平面连杆机构、圆柱齿轮机构等）和空间机构（如空间连杆机构、蜗轮蜗杆机构等）；按运动副类别可分为低副机构（如连杆机构等）和高副机构（如凸轮机构等）；按结构特征可分为连杆机构、齿轮机构、斜面机构、棘轮机构等。如图 6–39 所示，连杆机构由 *a* 与 *b* 的零部件通过 *c* 的连杆连接起来，结点 *A*、*B* 沿圆周交替运动，形成一个循环的运动轨迹。

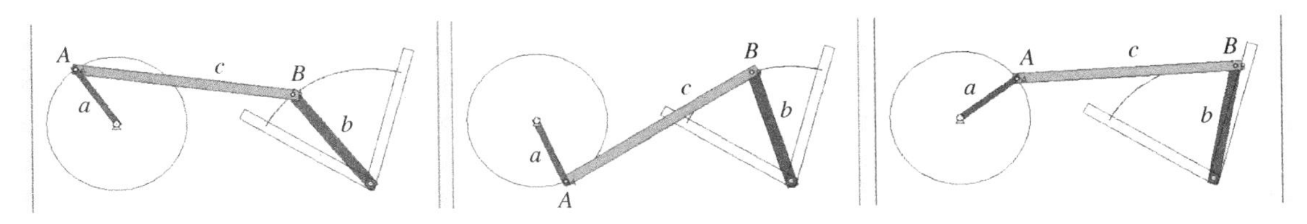

图 6–39　连杆机构

二、机构系统对形态影响的分析

机构系统关注的是整个效能系统的运作方式。机构系统的设计、效能转化方式，直接影响产品最终的形态。如图 6–40 所示，这台脚踏缝纫机要完成缝纫衣服的功能，需要踏板、摇杆、曲轴、胶带轮以及机头等结构部件来完成它的机构系统的运作：由脚踏板带动摇杆进而转动胶带轮，胶带轮带动机头针尖与底线轮相互交替进行缝纫。

图 6–40　脚踏缝纫机

我们再来看另外一台缝纫机，如图 6–41 所示是一台电动缝纫机，它的主要结构包括：电动机、传动带、上下传动轴以及机头。在这个机构系统中，电动机取代了脚踏板的动力机构，其机构系统运作由电动

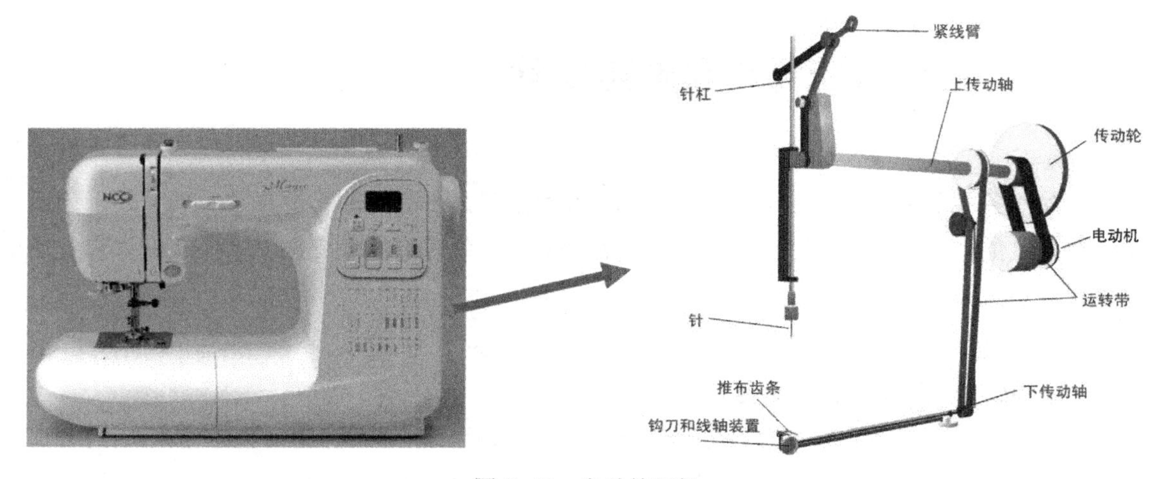

图 6–41　电动缝纫机

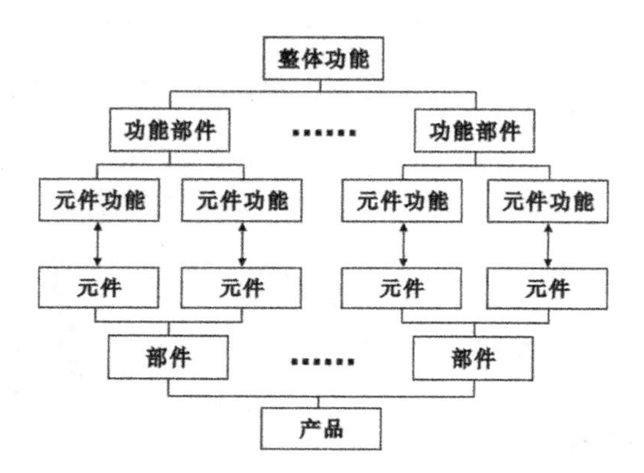

图 6–42　产品机构与结构的关系

机带动上、下传动带，进而带动上、下传动轴控制机头针尖的上下运动以及底线轮的滚动。从这两台缝纫机的结构与机构系统的组成可以看出，产品结构与机构的不同，必然导致产品的形态不同，其中，机构系统是决定产品形态的关键，也是整个产品效能转化的动力体现。脚踏缝纫机由人踩踏的机械动力转化为缝纫机头运动的机械能，而电动缝纫机则是由电能驱使电动机转动转化为缝纫机头运动的机械能。在具体的产品形态设计中，电动缝纫机的机构系统省去了脚踏机械运动的复杂机构，因而产品形态更轻巧、便捷。如图 6–42 所示，从上往下看，从产品的整体功能出发，研究产品的机构系统，通过子机构的共同协作，从而确定产品的具体形态，机构与产品形态是总—分关系。从下往上看，一个产品由不同的零部件构成，不同的零部件通过各种连接方式，形成若干机构系统，进而完成产品的功能运作，结构与产品形态是分—总关系。无论从哪一个方向入手，最终都要回归机构的整体运作效果。因此，要充分考虑机构系统在产品形态设计中的重要作用。

三、虚拟设计训练

1. 目的

该虚拟训练选择了机构系统中较简单的杠杆连动系统，让学生了解和掌握机构系统对产品形态设计的影响；提高学生草模制作的能力，通过草模的反复试验，进行动态的形态模拟训练。

2. 内容及要求

（1）每 3 ~ 4 人为一组，以海洋、天空、陆地为发散圆点进行头脑风暴，通过引导联想的方式，寻找动态模拟的对象。

（2）查找资料，观察该对象的动态视频，提取最能体现该对象特点的动态特征，并进行动态分解。该动态特征既可以是完整的动作过程，也可以是某个局部的动作效果。

（3）根据提取到的动态特征，制作草模，材料不限（硬卡纸、KT 板、硬纸皮、图钉），利用杠杆连动的机构系统，能最大限度地模拟该动态的特征，完成后进行草模展示。

（4）与科教专业的同学进行交流讨论，优化连动机构的设计。

（5）进行模拟对象的外形设计，并制作三维文件，将最终成品的装配零件平铺在尺寸为 30 cm × 30 cm 的 ABS 板中，用雕刻机雕刻出来进行装配调试。

3. 评价与交流

（1）草模制作完成后，每两组会安排 1 名科教专业的学生加入交流讨论，对草模阶段的机构系统设计提出优化连动方案。老师综合学生在草模展示中的演示情况予以调整与评价。

（2）作品完成后，进行演示讲解，综合学生在整个训练过程的情况予以评价。

4. 案例

（1）鸵鸟。余钧祥、陈晓玉、汪立新这组同学选择了鸵鸟奔跑的动态效果作为模拟对象，截取了鸵鸟在奔跑过程中双腿前后交替的动态进行分析，将前、后腿的运动过程一一分解进行草模的机构设计，用连杠连接前、后脚掌，在圆周运动中实现前后腿的交替动态。在外观形态上，抓住了鸵鸟头部与尾巴特征进行了外轮廓“形”的提炼，结合动态效果，十分生动，如图 6–43 所示。

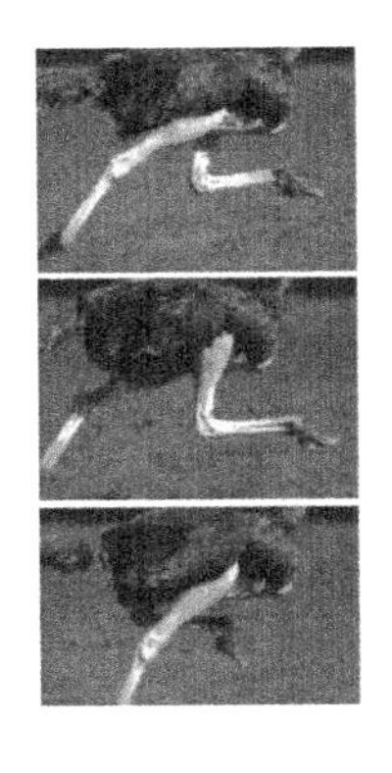

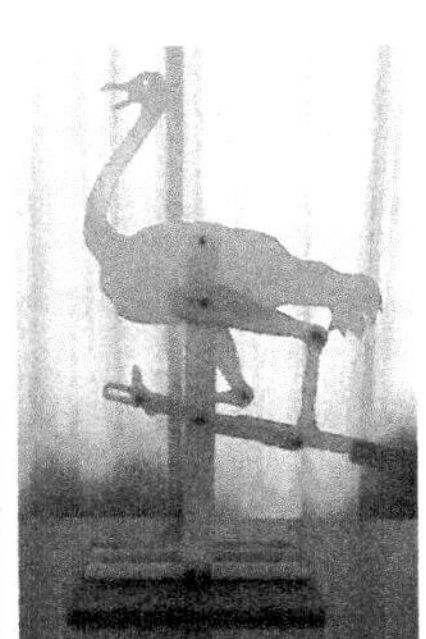

图 6–43　鸵鸟（余钧祥、陈晓玉、汪立新）

（2）猫。徐燕君、李斯敏、张官生这组同学选择了猫在受到惊吓时瞬间炸毛的动态，通过动态分解，将动态模拟的关键点放在了猫尾巴与猫身的前后变化。在草模试验中，经过多次机构调整，最终将猫身分为几个骨骼节点，并用连杠连接猫身中段与尾巴部分，通过把手的上下运动来完成这一动态模拟，如图 6–44 所示。

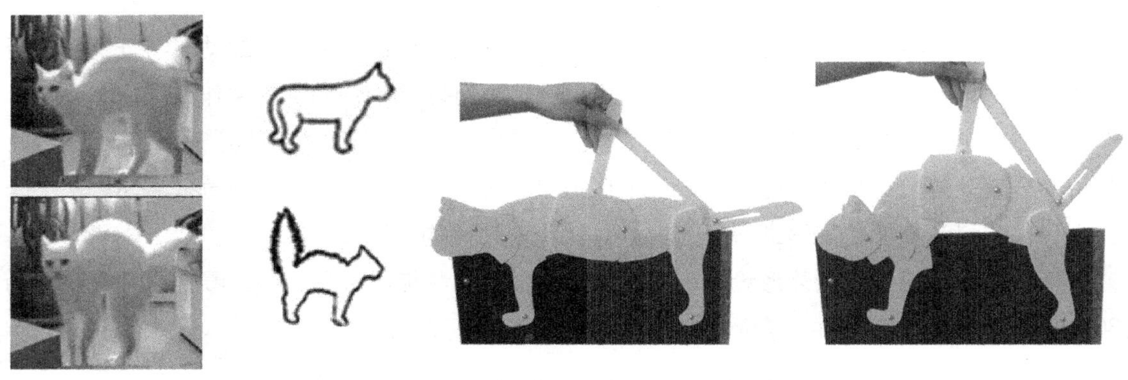

图 6–44　猫（徐燕君、李斯敏、张官生）

参 考 文 献

[1] 顾宇清 . 产品形态分析 . 北京 : 北京理工大学出版社，2007
[2] 张祥泉 . 产品形态仿生设计中的生物形态简化研究 . [硕士学位论文]，长沙 ：湖南大学设计艺术学院，2006.9
[3] 于帆，陈嬿 . 仿生造型设计 . 武汉 : 华中科技大学出版社 .2005
[4] 巫建，王宏飞 . 形态观的衍变与发展 .《北京印刷学院学报》，2005 年第 3 期
[5] 杨大松 . 产品设计的形态观及形态品质塑造研究 . [博士学位论文], 南京 ：南京林业大学，2008.6
[6] 王健 . 创新启示录 ：超越性思维 . 上海 : 复旦大学出版社，2005
[7] 林力源 . 神秘思维解码 . 广州 ：广州出版社，2001
[8] 王学农 . 大脑左右半球功能的开发与创造性思维的发展 .[硕士学位论文]，华中师范大学，2008.8
[9] 江黎 . 由坐引发的设计思考 .《中国美术馆》，2007 年第 9 期
[10] 仪永杰 . 产品设计面临的矛盾以及解决心得 . http://www.dolcn.com
[11] 刘莹，艾红 . 创新设计思维与技法 . 北京 : 机械工业出版社，2004. 1
[12] 刘晓宏 . 创新设计方法及应用 . 北京 : 化学工业出版社，2006
[13] 敖进，胡有慧 . 工业设计工程基础 . 重庆 : 西南师范大学出版社，2008
[14] 谢大康，刘向东 . 基础设计 – 综合造型基础 . 北京 : 化学工业出版社，2003
[15] 李峰，吴丹，李飞 . 从构成走向产品设计 . 北京 : 中国建筑工业出版社，2005
[16] 崔天剑，李鹏 . 产品形态设计 . 南京 : 江苏美术出版社，2007
[17] 崔天剑，工业产品造型设计理论与技术 . 南京 : 东南大学出版社，2005
[18] 凌继尧，徐恒醇 . 艺术设计学 . 上海 : 上海人民出版社，2000
[19] 王明旨 . 产品设计 . 杭州 : 中国美术学院出版社，1999 年
[20] 刘国宇 . 产品基础形态设计 . 北京 : 中国轻工业出版社，2000
[21] 麦燕来 . 连接结构在产品设计中的应用浅析 http://www. dolcn. com
[22] 陈震邦 . 工业产品造型设计 . 北京 : 机械工业出版社，2003
[23] 王 峰 . 设计材料基础 . 上海 : 上海人民美术出版社，2006

[24] 王艳 . 对产品设计中创造性思维的研究 . [硕士学位论文]，长沙 : 湖南大学，2004. 4
[25] 沈其文 . 材料成型工艺基础 . 华中科技大学出版社，2007
[26] [俄] Б.Е.Кочегаров ПРОМЫШЛЕННЫЙ ДИЗАЙН Учеб. пособие. Владивосток: Изд-во ДВГТУ, 2006. - 297 с .
[27] Alex Fung，Alice Lo&Mamata N.Rao. Creative Tools. The HongKong Polytechnic University. 2006
[27] 贡布里希 . 艺术与错觉 [M]. 长沙 : 湖南科技出版社，2004.
[28] J.R 布洛克、H.E 尤克尔 . 奇妙的视错觉—欣赏与应用 [M]. 北京 : 世界图书出版公司，1992.
[29] 张福昌 . 视错觉在设计上的应用 [M]. 北京 : 轻工业出版社，1983.
[30] 黄智宇 . 论卡通化手法在后现代产品设计中的应用 . 郑州轻工业学院学报，2005
[31]（日）原研哉 著 . 朱锷 译 . 设计中的设计 . 山东 : 山东人民出版社，2006
[32]（美）诺曼　著，付秋芳 . 程进三　译 . 北京 : 电子工业出版社，2005
[33] 何人可 主编 . 工业设计史（第四版）. 北京 : 高等教育出版社，2010
[34] 苏颜丽 . 基于“可爱”形态特征产品造型方法研究 . 中国新技术新产品，2009 年第 4 期
[35] 胡晓涛 . 产品设计中的原型研究 .[硕士学位论文]，长沙 : 湖南大学，2005
[36] 林桂岚 . 挑食的设计 . 北京 : 文物出版社，2007
[37] 黄蔚 . 从手机历史看设计创新战略 . 北京 : 北京理工大学出版社，2007
[38] 潘云 . 浅析个性消费需求与个性产品设计 . 美与时代（上），2010
[39] 宁绍强，唐克兵 . 产品的人性化设计 . 桂林电子工业学院学报，2003 年 23 卷第 3 期
[40] 赵坚勇 . 有机发光二极管 (OLED) 显示技术 . 北京 : 国防工业出版社，2012
[41] 胡飞，杨瑞 . 设计符号与产品语意 : 理论、方法及应用 (第 2 版). 北京 : 中国建筑工业出版社，2012

彩图 1　自然形态

彩图 2　调味瓶

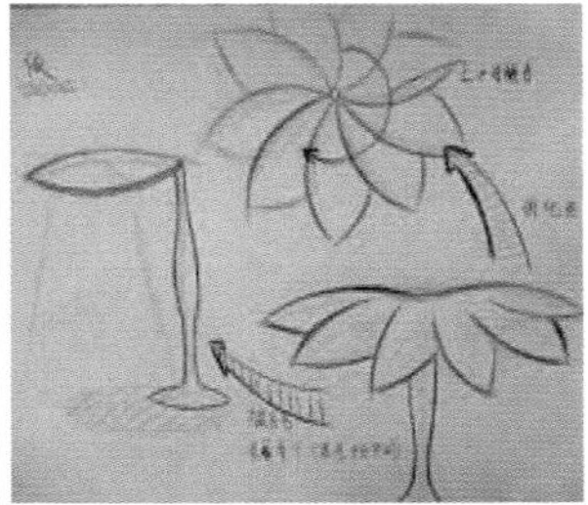

彩图 3　花灯　学生作品（窦文樊）

彩图 4　日用品

彩图 5　凳子

老年人无障碍手机设计

——“唐装”

此款针对的消费群体是 60-74 岁的老年人，这一时期的老年人健康活泼，生活自理，对手机的功能要求相对较多，“唐装”基本满足老年人生活上的需求。

各视图效果图

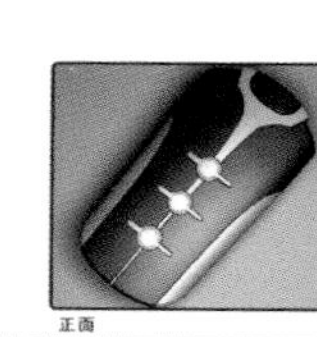

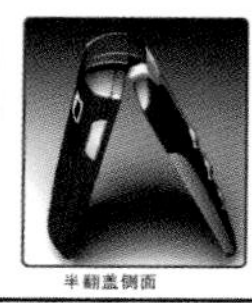

中国文化的传承，高贵脱俗和雍容、华贵的象征，简单使用的功能……

效果图及功能分析

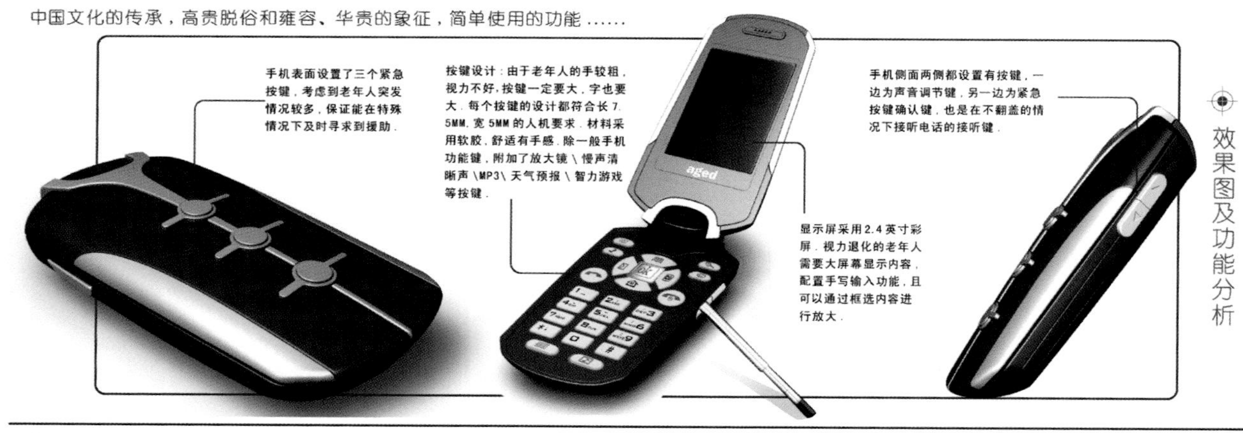

色彩方案

色彩方案：人们都习惯将老年人的色彩定位在黑色，灰色等沉稳的色彩色调. 但是据调查显示，现在的老年人喜欢生动活泼的颜色的也占很大一部分. 因此，在色彩的选择上，要充分考虑到两类型的老年人. 紫黑色：高贵大方；银色：成熟稳重；蓝色：清新亮丽；红色：热情活力. 男女都有自己的选择，迎合各种性格的老年人口味.

彩图 6　老人用手机

彩图 7　切线夹角小的实例

彩图 8　切线夹角大的实例

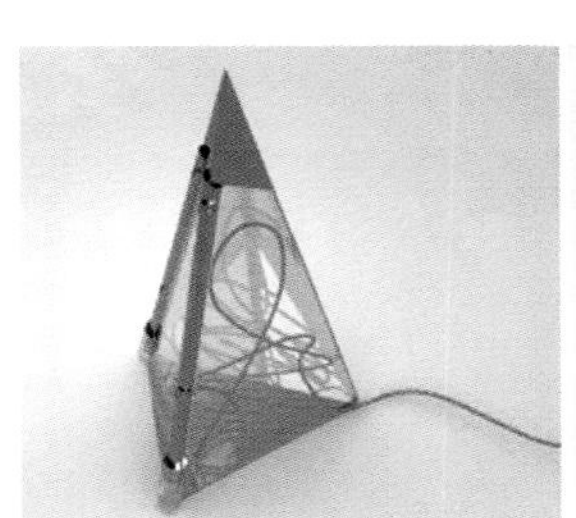

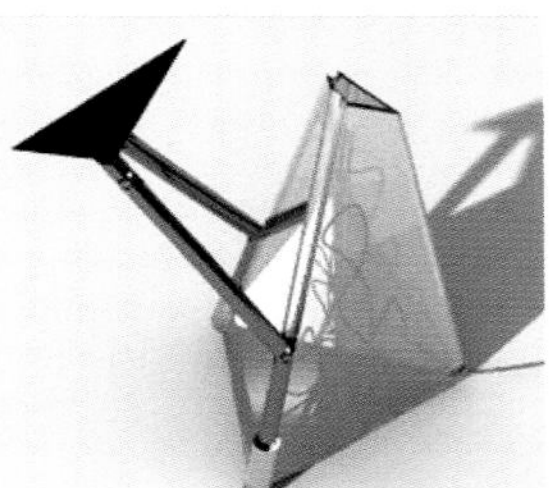

彩图 9　灯具

彩图 10　户外灯具

彩图 11　地脚灯

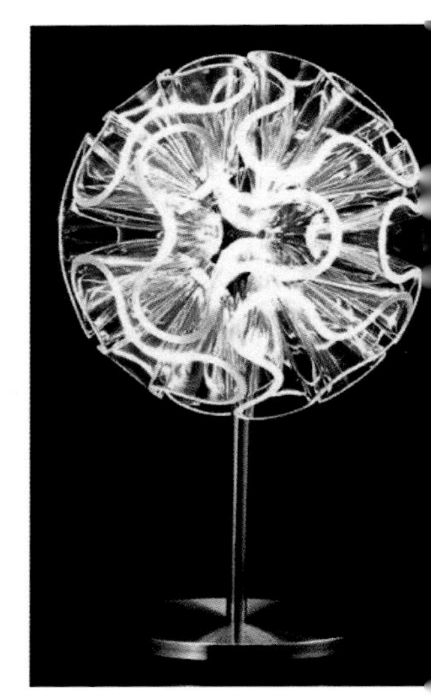

彩图 13　花球灯

彩图 12　线光的应用

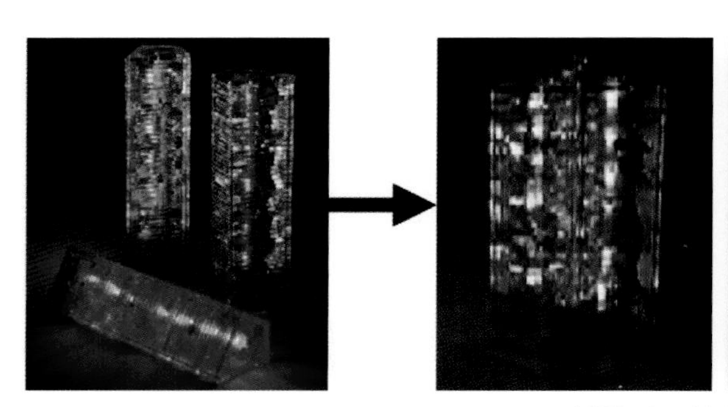

彩图 14　日本国际照明大赛银奖作品

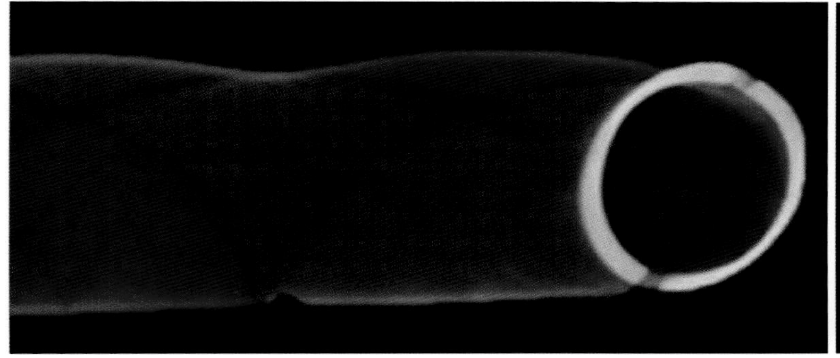

彩图 15　光影设计（三）

彩图 16　光影设计（一）

彩图 17　光影设计（二）

彩图 18　儿童百元电脑

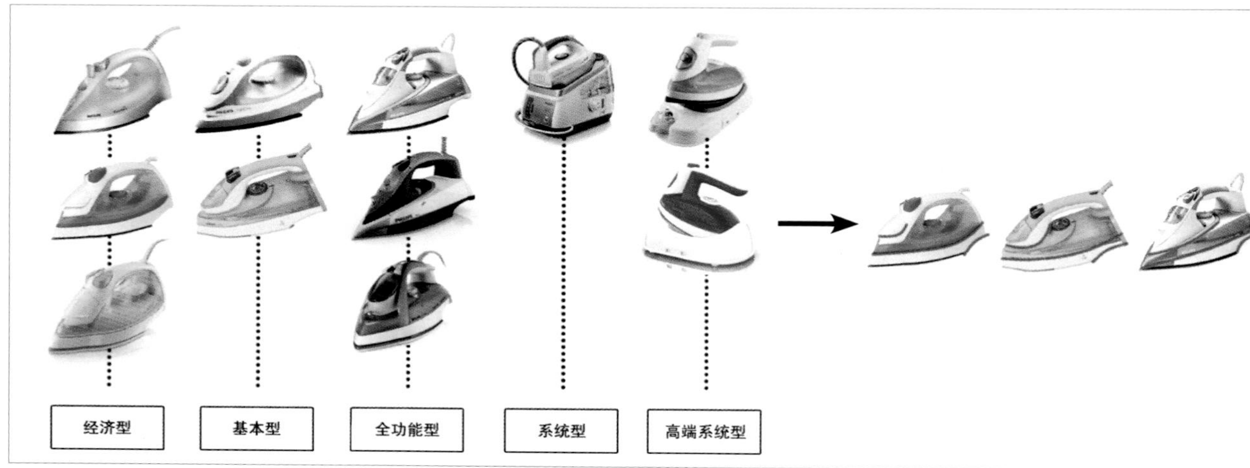

彩图 19　飞利浦电熨斗

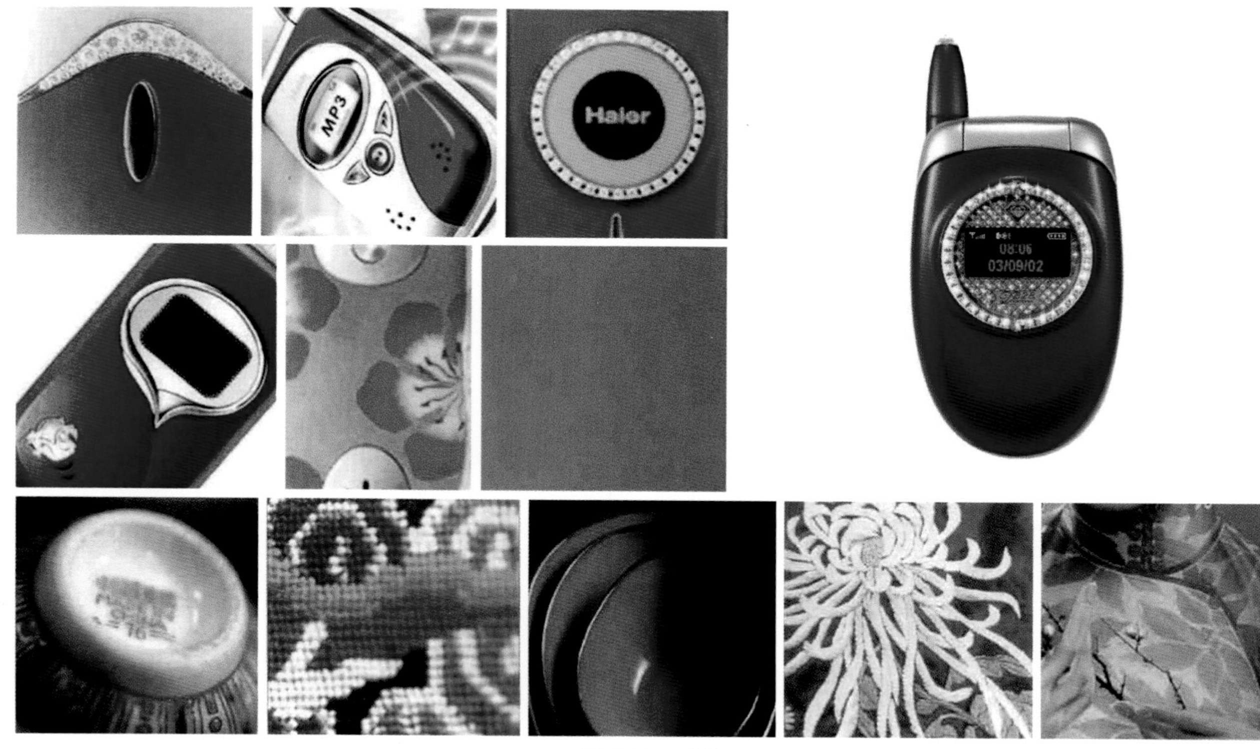

彩图 20　手机

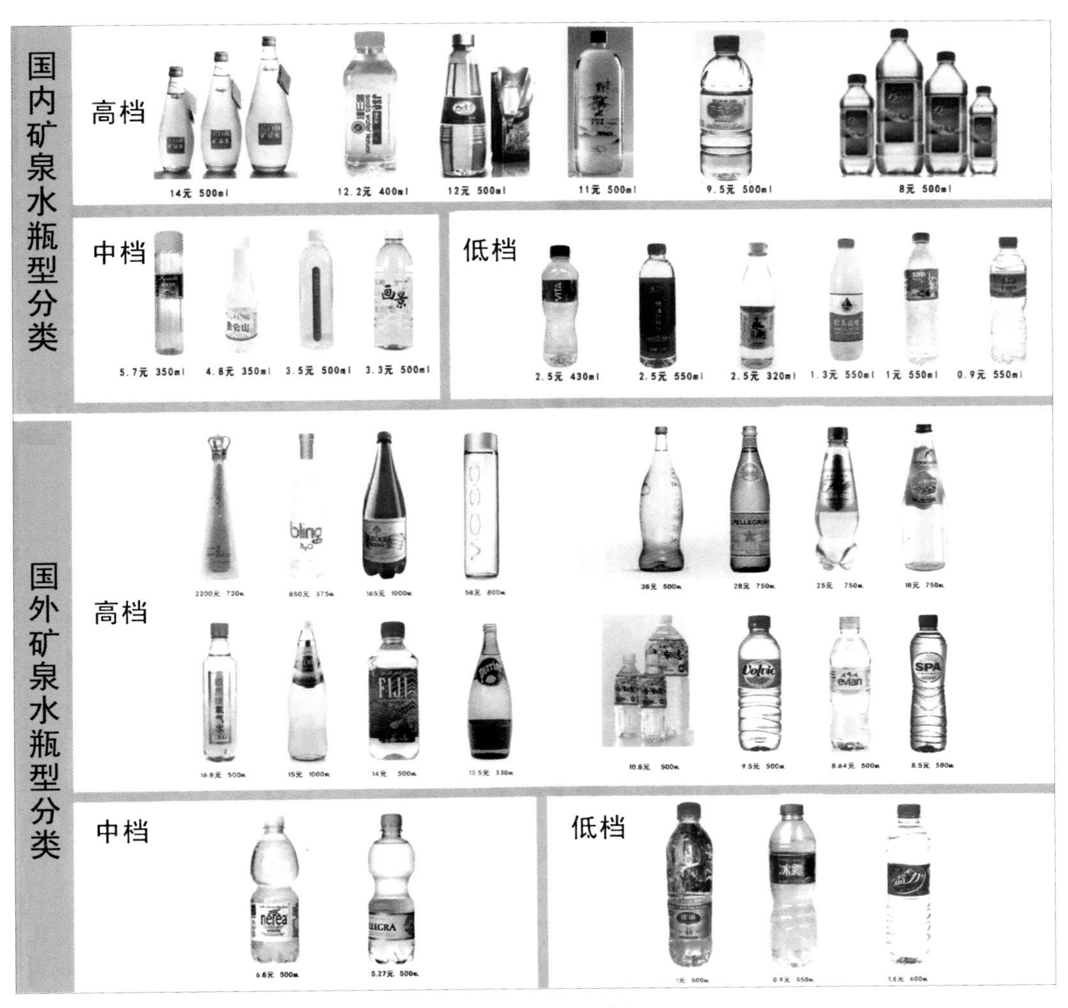

彩图 21　饮料瓶案例

彩图 22　杯组

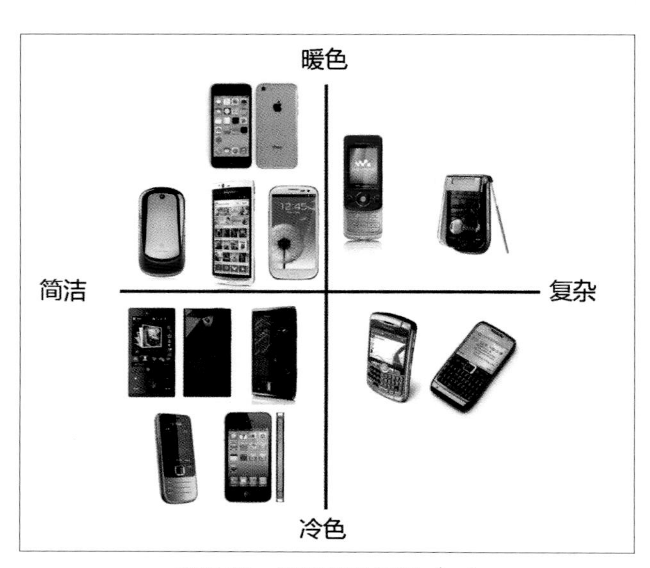

彩图 23　解读语义词汇（一）

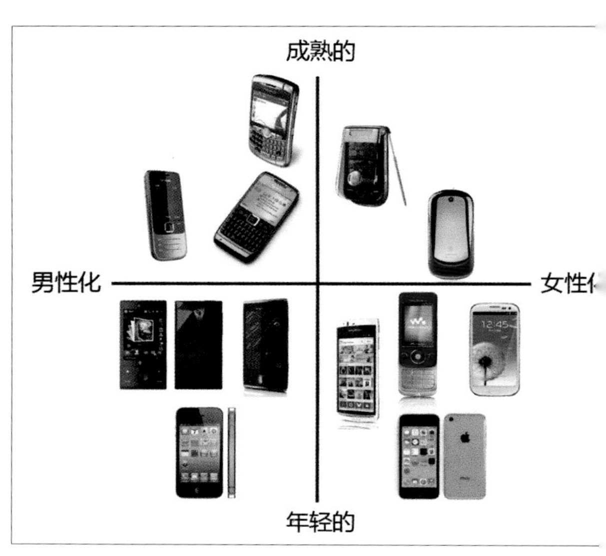

彩图 24　解读语义词汇（二）

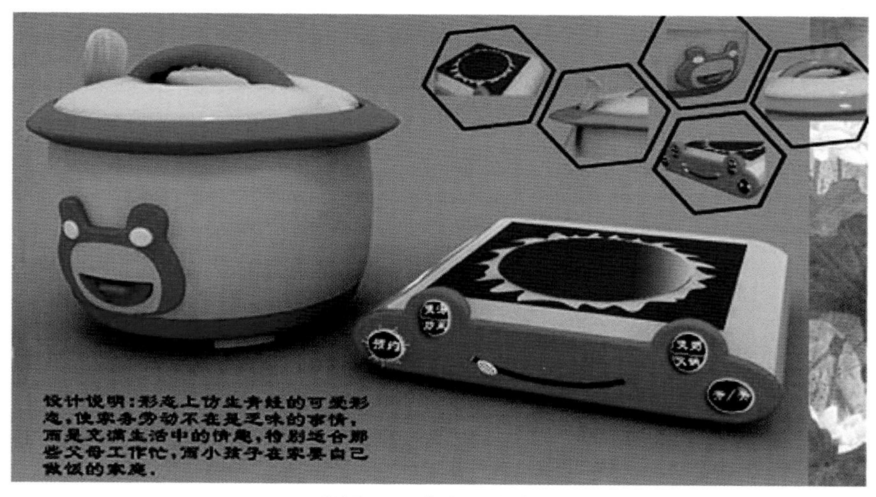

彩图 25　家电设计案例

彩图 26　“为坐而设计”案例（一）

彩图 27　“为坐而设计”案例（二）